U0575579

和谐校园文化建设读本

智勇双全

邱纪平/编写

吉林出版集团股份有限公司
吉林教育出版社

图书在版编目(CIP)数据

智勇双全 / 邱纪平编写. — 长春：吉林教育出版
社，2012.6（2022.10重印）
（和谐校园文化建设读本）
ISBN 978-7-5383-8938-8

Ⅰ．①智… Ⅱ．①邱… Ⅲ．①成功心理－青年读物②
成功心理－少年读物 Ⅳ．①B848.4-49

中国版本图书馆 CIP 数据核字（2012）第 116040 号

智勇双全
ZHI-YONG SHUANGQUAN

邱纪平　编写

策划编辑　刘 军　　潘宏竹	
责任编辑　付晓霞	**装帧设计**　王洪义

出版　吉林出版集团股份有限公司（长春市福祉大路5788号　邮编 130118）
　　　　吉林教育出版社（长春市同志街 1991 号　邮编 130021）
发行　吉林教育出版社
印刷　北京一鑫印务有限责任公司

开本　710 毫米×1000 毫米　1/16　　**印张**　11.5　　**字数**　146千字
版次　2012 年 6 月第 1 版　　**印次**　2022 年 10 月第 2 次印刷
书号　ISBN 978-7-5383-8938-8
定价　39.80 元

编　委　会

主　编：王世斌

执行主编：王保华

编委会成员：尹英俊　尹曾花　付晓霞
　　　　　　刘　军　刘桂琴　刘　静
　　　　　　张　瑜　庞　博　姜　磊
　　　　　　潘宏竹
　　　　　　（按姓氏笔画排序）

总 序

千秋基业，教育为本；源浚流畅，本固枝荣。

什么是校园文化？所谓"文化"是人类所创造的精神财富的总和，如文学、艺术、教育、科学等。而"校园文化"是人类所创造的一切精神财富在校园中的集中体现。"和谐校园文化建设"，贵在和谐，重在建设。

建设和谐的校园文化，就是要改变僵化死板的教学模式，要引导学生走出教室，走进自然，了解社会，感悟人生，逐步读懂人生、自然、社会这三本大书。

深化教育改革，加快教育发展，构建和谐校园文化，"路漫漫其修远兮"，奋斗正未有穷期。和谐校园文化建设的研究课题重大，意义重要，内涵丰富，是教育工作的一个永恒主题。和谐校园文化建设的实施方向正确，重点突出，是教育思想的根本转变和教育运行机制的全面更新。

我们出版的这套《和谐校园文化建设读本》，既有理论上的阐释，又有实践中的总结；既有学科领域的有益探索，又有教学管理方面的经验提炼；既有声情并茂的童年感悟；又有惟妙惟肖的机智幽默；既有古代哲人的至理名言，又有现代大师的谆谆教诲；既有自然科学各个领域的有趣知识；又有社会科学各个方面的启迪与感悟。笔触所及，涵盖了家庭教育、学校教育和社会教育的各个侧面以及教育教学工作的各个环节，全书立意深邃，观念新异，内容翔实，切合实际。

我们深信：广大中小学师生经过不平凡的奋斗历程，必将沐浴着时代的春风，吸吮着改革的甘露，认真地总结过去，正确地审视现在，科学地规划未来，以崭新的姿态向和谐校园文化建设的更高目标迈进。

让和谐校园文化之花灿然怒放！

本书编委会

目 录

中华民族的始祖——黄帝

我们中国人通常自豪地称自己是炎黄子孙。这"炎"指的是炎帝，而这"黄"指的就是我们下面要讲的黄帝。

黄帝是远古时代传说中的人物。那个时候，还没有什么记录的手段，当时的事儿只能通过口口相传的形式保存下来，黄帝的故事就是这样流传下来的。

黄帝，名轩辕氏。黄帝从小就聪明伶俐，在一般人还不能张口的年龄，他已能牙牙学语了。大家都感到很惊奇，认为他是"神灵"。

长大后，黄帝更是才智过人，为人宽厚，人们爱戴他，推举他做部落首领。

黄帝作为部落首领，教大家盖房子，驯养牲畜，种植谷物，过定居的生活。为了让大家交往方便，他还发明了船和车。

当时，在辽阔的中原大地上，还生活着许多其他的部落。这些不同的部落，彼此间经常打仗，使得民众无法正常生活。

黄帝决定用武力平息部落间的混战，统一天下，创造一个安定的社会环境。为此，他努力研习武功，操练士兵，制造武器。

经过一番准备后，黄帝便带领本部落人马开始了一系列的军事行动。经过征战，许多部落都归顺到他的手下。在征战过程中，黄帝遇到过一些部落的反抗。其中最具代表性的就是以蚩尤为首的九黎族的反抗。

蚩尤是一个凶猛残暴的人，他率领的部落勇猛善战。传说他有兄弟81人，个个人面兽身，铜头铁额，能吃沙石，会制造刀枪和弓箭。蚩尤倚仗势力强大，到处杀掠，不讲仁慈，大家都希望黄帝发兵消灭他。

黄帝率领已归顺的部落，在涿鹿的郊外，同蚩尤展开决战。战斗进行得非常激烈。为了获胜，蚩尤请来了风伯雨师，大兴暴风骤雨助战；黄帝则搬来女神旱魃，用高温强热把风雨驱散。

蚩尤见风雨被破，又兴起大雾，企图使黄帝的部队迷失方向；黄帝则针锋相对，根据北斗星能指示方向的原理，制造了指南车，乘着大雾前进，一举攻破了蚩尤的营垒，大败蚩尤。

打败蚩尤后，黄帝的势力更加强大了。只要有挑衅，不顺从的，黄帝就去攻打。由于他总是奔波征战，所以连一个固定的住所都没有，在中原大地上却到处都留下了他的足迹。

黄帝通过征战，统一了中原的各个部落，奠定了中华民族形成的基础，所以，自古以来，他就被尊崇为中华民族的始祖。

今天的陕西省黄陵县，还保存有后人为他建造的陵墓——黄帝陵。数千年来，各个时代的人都要去祭奠这位始祖的英灵，缅怀他对中华民族所做的伟大贡献。

奠定华夏基业的巨人——尧、舜、禹

奠定华夏基业的巨人有尧、舜、禹，他们是华夏部落联盟的三位著名领袖。

尧生活的时代，历法还没产生，人们还没有时间概念，干什么都不方便。尧派人观察太阳、月亮和星星的运行情况，找出规律，制定历法。

新定的历法确定一年为 366 天，用闰月的办法调整误差。把一年之中白天最长的一天定为夏至，最短的一天定为冬至。白天和黑夜一样长，而傍晚在正南方出现鸟星的一天定为春分，出现虚星的一天定为秋分。这样，又有了简单的季节划分，大大便利了生产和生活。

尧在位的几十年里，社会比较安定，生产也得到了发展。到了晚年，他整天为继承人的事情发愁。

一天，他召集各部落的首领开会，对他们说：

"我已经老了，你们推选一个人来继承我的位置吧。"

"您的儿子丹朱不就可以吗？"有人说道。

"这事我想了很久。我的儿子丹朱固执好斗，不是一个有高尚品德的人。如果把我的位置传给他，全天下的人都会受苦，只有丹朱一人会得到好处；而如果把我的位置传给一位品德高尚的人，全天下的人就都会得到好处，只有丹朱一人会痛苦，总不能拿全天下人的痛苦，去让丹朱一人得到好处吧！"大家听了尧的这番话，很受感动。

尧让大家推举一位能造福天下的人来接替自己，不管他出身如何。大家一致推举了一位叫做舜的平民。尧便以各种办法来考察他的品德和才能。尧发现不管让舜干什么工作，他都能把事情处理得很好。尧感到很满意，就把自己的位置传给了舜。

舜很小的时候就死了母亲，父亲是个盲人，所以生活很苦。他种过田，捕过鱼，制过陶器，也做过小生意。但他不怕吃苦，为人诚实，聪明能干，很受人们的喜爱。他的父亲、后母和弟弟对他很不好，他并不在意，照样孝敬父母、照顾弟弟。他的高尚品德为人们所传颂。

舜接了尧的班，委任有才能的人管理各项事务。要求他们为民众多做好事，对自己的言行多提出批评。

舜还经常深入基层，了解情况。他对官员们说："我讨厌奸诈和虚伪的人，你们要经常把下边的实际情况告诉我。每隔3年，我会对你们的政绩进行一次考核，该升的升，该降的降，你们一定要忠于职守，多为民众办好事。"在舜的治理下，各项事业兴旺起来。

那个时代，经常发生水灾，不是河水泛滥，就是山洪暴发。冲垮了房屋，淹没了庄稼，给民众的生活造成很大的灾难。尧曾经派一个叫鲧的人治水，可治了9年也没有效果。舜便让鲧的儿子禹继续治水。

禹是一个聪明勤奋、说话诚实的人。他看到父亲治水无功，水灾继续泛滥，便下决心要把水灾治好。

他结婚4天便离开了家，去治理水灾。儿子出生时也没顾得上回去，甚至多次路过家门，都没进去看一眼。

禹成年累月不辞辛劳地奔波在外，陆上坐车，水上乘船，拿着测量用的准绳和规矩，带领民众治水，使河水流入大海；疏通田间的水道，使积水流入河道；兴修道路，便利交通；发放粮食，救济灾民；帮助民众迁移到适合居住的地方。经过13年的努力，治水终于成功。

舜晚年时，也像当年尧选择自己一样，选择了禹来接替自己的位置，而没传位给自己的儿子。

尧、舜、禹的高尚品德和他们对华夏部落的杰出贡献，受到人们的爱戴和敬仰，有关他们的故事至今仍然流传着。

不畏强权，图谋大业——周文王

商朝时，出现了一个叫做周的部落。在商的最后一个统治者——纣王的执政时期，这个部落的首领就是文王，也称周文王。

周部落在文王的领导下，势力日益强大起来，为后来推翻商的残暴统治打下了基础。

周文王是一位勤于政事，奋发有为的首领，很会管理部落中的事务。他关心民众疾苦，倡导尊老爱幼，鼓励生产。选拔有德行有才能的人出来做事，经常因忙于工作而忘记了吃饭。当时有很多德才兼备的人纷纷投奔到他这里来，文王根据他们各自的特长，安排他们干不同的工作，给他们提供充分施展才华的机会。

在这些人的帮助下，周部落的各项事业飞快地发展起来，人们生活安定，社会风气好转，在商统治下的众多部落中，日益显露出优势来。与此同时，商朝的其他地方却是另一番景象。商纣王荒淫无道，社会动荡不安，人们生活越来越苦。

商纣王是历史上有名的暴君，只顾自己吃喝玩乐，不管民众死活。他还宠爱一个专出坏主意、名叫妲己的美女。在她的唆使下，纣王干了很多坏事。

纣王还大兴土木，造了一座叫"鹿台"的豪华宫殿和一个叫"巨桥"的大仓库。鹿台里装满了奇珍异宝，巨桥中是堆积如山的粮食。他还叫人在花园的池子里装满了酒，在池子边挂满肉干，弄得就像长满肉干的树林一样。他领着一帮人在这座花园里通宵达旦地胡闹。

纣王这样胡作非为，搞乱了天下，加重了民众的负担，大家都反对他，有些较大的部落也背叛了他。为了制止人们发泄对他的不满，堵住大家的嘴，纣王独创了一种叫做"炮烙"的酷刑，强迫反对他的人行走在烧红的铜柱上。

纣王的昏庸残暴，使他彻底失掉了民心。各地民众都向往周部落，把周部落看成是人间的乐土，到处传颂着周文王的功德，认为周文王才是大家的希望所在。

周文王对纣王的行为也常常摇头叹息，说纣王做得太过分了，应及时纠正过来，不然会丧失天下的。这些话传到了纣王的耳朵里，纣王非常生气，狠狠地说："一个小小的部落头子，居然也敢议论起我来了，说什么我会丧失天下，我先让你丧失部落，看你还敢不敢乱说？"于是下令把文王抓了起来，关到了一个叫羑里（今河南汤阴）的地方。

这一回文王可亲身领教了纣王的残暴。脱险回来后，就决定伐纣灭商，救民于水深火热之中，并开始物色能领兵打仗的能人。

一次，他听说渭水河边有位古怪的钓鱼老人，人家都用弯钩钓鱼，他却用直钩钓鱼。说起话来也高深莫测，一般人很难理解得了，真是个奇人。文王亲自去拜访求教。谈话间文王发现这位老人精通兵法，正是自己希望得到的能人，便请他做周部落的太师。这个钓鱼老人名叫姜尚，也叫吕望，他就是有名的姜太公。

姜太公辅助文王训练军队，先后灭掉了与商关系密切的密须国和崇国。文王还建立了自己的都城，叫做丰邑（今西安市附近）。

文王的威望更高了，许多部落都脱离了商的控制，投靠文王。可惜，文王没有完成自己开创的事业就去世了。

文王死后，他的儿子武王即位。武王又经过数年的准备，打败了纣王，灭了商朝。由文王开创的推翻商朝的大业，在他儿子武王的手中实现了，从此一个新的王朝——周朝诞生了。

年老志坚，勇创霸业——重耳

重耳是春秋时期晋国的国君，晋献公的儿子。

晋献公年老的时候，公室内部争夺继承权的斗争非常激烈，太子由于受到别人的陷害，被晋献公逼得自杀了。作为公子的重耳也受到了牵连，为避免不测，便逃离了晋国。

重耳是个有才能有志气的人，在国内很有名望，一些有远见的人都愿意和他在一起，跟他一起逃难。

重耳带着这些人逃离晋国，开始了艰苦漫长的流亡生活，他先后到过许多国家，经历了很多磨难，挨饿受冻是常

重 耳

有的事。甚至连一些小国都敢轻视他，可是这一切并没有削弱他重返家园的决心。

在他来到当时的大国楚国时，楚王很看重他的才能，认为他将来一定会回晋国掌权，所以用接待国君的礼节接待了他。

有一次二人闲谈，楚王半开玩笑地对他说：“公子如果有一天能重返家园，将如何报答我今天的款待之情呀？”

“楚国这么富有，没有稀罕之物，真不知该拿什么来报答大王。”重耳回答说。

“那也总该有所表示吧？”楚王笑道。

“那就这样好了，”重耳想了想说道，“万一有一天我们两国发生战争，我一定会退让90里的。”

楚国有一位叫成得臣的大将，听了重耳的话很不高兴。事后对楚王说：“大王对重耳这么好，他居然还能说出和我们交战这种话来，真是个没良心的东西，不如趁早除掉他算了，以免留着他今后和我们作对。”楚王摇了摇头说：“重耳很诚实，说的也是实话，他不这么说又能怎么说呢？”

秦国国君听说重耳在楚国，就派人把他请到了秦国。原来秦国曾经帮助过晋国，可是现在晋国不讲信义，反而与秦国为敌。所以秦国国君决定支持重耳回国担任国君，主持朝政。

在外逃亡19年的重耳，终于在秦国的帮助下回到了晋国，当上了国君。后人称他为晋文公。这时的他已经是63岁的老人了。

重耳即位后，重用人才，赏罚分明，结束了国内的混乱局面。他很关心百姓的生活，鼓励发展生产。晋国在他的治理下，渐渐地强大起来。然而，胸怀大志的重耳，并不满足于当好一国之君，他还想成为众国之主。

当时各国纷争，都想成为头号强国，让别的国家听命于己，人们把这种争强的斗争叫做争霸。如果哪一个国家可以号令其他国家的话，那么这个国家的国君便成了霸主。重耳想要做的便是这个霸主。

要成为霸主，可不容易。重耳没有因为困难而放弃努力，他一直在想方设法，通过各种途径谋求霸主的地位，不放过任何一次机会。

不久，周王室发生内乱，周天子的弟弟夺取了王位。周天子逃到郑国，派人到晋国要求出兵，平息叛乱。

当时，天下虽然已经分裂成许多大大小小的国家，但名义上还属周王朝统领，这些国家被称为诸侯国，各国的国君即诸侯，表面上仍然得听从周天子的调遣，每年按时向周天子进贡。诸侯对尊奉周天子的事儿还是要做的。

因此，重耳认为："周王朝虽然已经衰落了，但天子的威望还在，要想在众多诸侯国中称霸，得到天子的支持是很重要的，只有借天子的威望，才便于号令天下。要获得周天子的支持不是容易的，现在正是天赐良机，天子有难我们一定要管，这种机会决不能让给别人。"晋国大臣都同意重耳的看法。于是，晋国派出军队，平息了叛乱，护送周天子回到京城。

又过了两年，楚国会合了几个国家的军队围攻宋国，宋国向晋国求救。这件事让重耳很为难，当年他逃亡在外的时候，宋国和楚国都曾经帮助过他，他很想去救宋国，可又不想和楚国开战。

重耳手下的大臣看出了他的心思，便对他说："楚国刚刚和曹、卫两国建交，如果我们出兵攻打曹、卫，楚军必定前往救援。这样，对宋国的包围自然也就解除了。"这确实是个两全之策，重耳采纳了这个建议。

晋国出兵，很快打败了曹、卫两国，抓住了两国的国君。

楚王心里明白，重耳既想救宋国，又不想和楚国交战。楚王也不想与晋国为敌，就命令军队从宋国撤回。楚将成得臣却不肯罢休，要求把仗打到底。楚王很生气，但是见他态度十分坚决，便给了他一支小部队让他指挥。

成得臣派人对重耳说："只要晋国放了曹、卫两国的国君，楚军就撤离宋国。"可是，他万万没想到，他派去的人给他带回来的却是曹、卫两国给楚国的绝交信。原来重耳答应了恢复这两个国君的君位，条件是他们必须和楚国断交。成得臣见到绝交信，气得暴跳如雷，他知道，这是晋国搞的鬼。一怒之下，便立即率领部队去和晋军决战。

楚军一到，重耳就命令晋军往后撤。将士们觉得奇怪，为什么不战自退呢？重耳对他们说："当年我流亡在楚国的时候，曾经答应过楚王，一旦两国交战，晋国将退让90里地。我怎么能违背自己的诺言呢？"晋军一口气退了90里，到一个叫做城濮的地方停了下来。

成得臣率军紧追不舍，一直追到城濮，与晋军展开大战，结果被晋军打得大败。这便是有名的"城濮之战"。

晋国打败了楚国，成了当时的头号强国。重耳把周天子请到了一个叫践土的地方，在那里召开了有许多国家参加的诸侯大会，订立盟约，成立了由各诸侯国组成的联盟。参加会议的各国国君都很钦佩重耳，认为他是个了不起的国君，愿意听从他的安排。于是一致推举他为联盟的首领，这样，重耳终于成了霸主。

靠识途老马救齐军——管仲

春秋时期，北方的山戎国经常侵扰近邻的燕国，他们大都是骑兵，来去如风，让人防不胜防。

有一次，山戎国派大军直逼燕国国都，燕国国君向齐国求救，齐桓公便亲自率领大军去救助。当军队赶到燕国时，山国戎的军队却带着掠夺的财物，逃到燕国东部的孤竹国去了。

这时，齐国又与燕国一起率兵去征伐，并在孤竹国击败了山戎国和孤竹国，败军落荒而逃。齐桓公命令军队继续追击。

管　仲

一天晚上，齐桓公扎营休息。突然，敌军将领黄花半夜来投降，还拿着山戎大王的首级，他说孤竹国君答里呵已逃往沙漠之中，孤竹国现在是一个空城。于是，第二天齐桓公便和燕庄公跟着黄花进了孤竹国都城，果然空无一人。

这时，齐桓公决定不给敌人留下喘息的机会，他让燕庄公留驻在这里，自己带兵让黄花带路到沙漠中继续追击答里呵。到黄昏分，他们来到一个被称作"迷谷"的地方。这儿放眼望去，只见平沙一片，跟大海一样无边无际，令人辨不清方向，可这时前来带路的黄花却没了踪影，齐桓公这才知道中计了。

这时，丞相管仲对齐桓公说："我听说北方有个'旱海'，是个很险恶的地方，恐怕指的就是这里了，我们不能再冒险前进了。"齐桓公无奈，便听从管仲的建议。这样大军挨了一夜，第二天天亮开始寻找回去的路线。可找来找去，眼见又已经日到中天，却仍然不知怎么走出去。

这时，沙漠中焦热的空气使得全副武装的战士干渴难当，人困马乏，随时都有饿死、渴死的危险。管仲看在眼里急在心上，突然，他看到队伍有些混乱，就赶过去。原来几名士兵实在是忍受不了干渴，就擅作决定准备将几匹老马杀了喝血。管仲赶忙上前制止，担心杀马的风气一开，整个队伍都会对战马开刀，最后会不会演变成自相残杀也是难以预料的。因此决定只要还能控制，决不可以开这样的先例。

丞相开口，士兵们尽管心中不服，也毫无办法，便都散去了。这时，管理老马的老兵因对马很有感情，就一边赶马一边对一匹老马说："你这回真是捡回一条命啊！不过留着你做啥？反正你也老得只会走路喽。"

不料，言者无心，听者有意。管仲一听，猛然想起，马和狗一样颇能认路，尤其是一些年纪大的老马，能记起曾经走过的路而不会迷失方向，就像狗不管离家多远也能回去一样。想到这里，管仲立刻禀报齐桓公说："马也许认得路，我们不如挑几匹老马，让它们在前头走，也许能带我们走出去。"

齐桓公听了大喜，于是便让人挑了几匹老马，放在军队前面领路前行。这几匹老马不慌不忙地走着，经过一夜的跋涉，还真领着大队人马走出了大沙漠，回到了出发地。

卧薪尝胆终得志的霸主——勾践

勾践是春秋时越国的国君。越国被吴国打败后，他忍辱负重、刻苦自励，领导自己的百姓一点一点地走上了富国强兵之路，终于战胜了吴国，赢得各国的敬重，成为春秋五霸之一。

越和吴是两个相邻的国家，两国的关系一直很紧张。吴王阖闾听说勾践的父亲死了，就趁机发兵攻打越国。

刚刚即位的越王勾践是个有胆识的人，他采用突袭的战术，出奇制胜，把吴军打得大败，吴王阖闾也负了伤。

由于伤势太重，吴王阖闾不久便死了。临死的时候，他对儿子夫差说："孩子，越国与我们不共戴天，杀父之仇不能不报！"

夫差即位后，立即整顿军队，训练士兵，时刻准备进攻越国。

勾践不愿坐等吴国来打，决定主动出击，掌握战争的主动权。但他手下的人却反对说："大王，这仗可千万打不得。吴国一直想寻机进攻我们，准备也不是一天半天了，他们的国力十分强大。我们主动出击，也很难取胜，不如以静制动，做好迎敌的准备。"勾践不以为然地说："你们也太胆小了，哪有你们说得那么严重，此事我已决定，大家准备出征吧。"勾践求战心切，听不进别人的劝告，亲自率兵进攻吴国。

吴王夫差得知这一消息，派出大军迎战。两军展开了激烈的战斗，结果越军被打得大败。勾践与剩下的残兵败将被吴军死死地包围起来。

勾践对手下人说："今天落到这个地步，都怪我当初没听你们的劝告。可是后悔也来不及了。大家想想，现在该怎么办?"手下人说:"胜败乃兵家常事，没什么了不起。可是我们的处境很危险，现在只有讲和这一条路了，只要同意讲和，他们提出什么条件都答应，哪怕是叫大王您做吴王的仆人也得答应。大丈夫能屈能伸，只要能保存越国，将来总会有机会报仇雪恨的。"勾践觉得大家的话很有道理，便派文种去向吴国求和。

在吴王夫差面前，文种的态度十分恭顺，说了许多好话，请求吴王放过勾践，允许两国讲和。夫差的大臣伍子胥坚决反对讲和，他说:"勾践是一位颇有远见的人，如果现在放过他，将来一定对吴国不利。"夫差觉得伍子胥说得也有道理，没有同意讲和。

文种只好回来，对勾践说:"看来我们还得另想办法劝说吴王。我看吴王身边管大事的太宰是个可以利用的人，我们可以多送些礼物给他，让他帮我们说说话，也许会有转机的。"

这位太宰果然是个见利忘义的人，收到礼物后，想方设法使吴王夫差同意与越国讲和，撤了包围勾践的军队，放勾践回国。

勾践立志要报仇雪恨。为了使自己不因贪图安乐而忘记耻辱，激励自己的斗志，每天晚上都睡在柴草上，还在住处悬挂着苦胆，经常去尝一尝那胆的苦味。这就是人们常说的"卧薪尝胆"的故事。

勾践知道，要想成大事，就必须使本国富强起来。为此，他选用了一大批有才能的人做事，并虚心听取大臣们的意见。平日里，他粗茶淡饭，衣着简朴，倡导勤俭，经常下田种地，鼓励百姓恢复和发展生产。在勾践的带动下，全国上下齐心协力，发愤图强，经过数年的艰苦努力，终于使国家强盛起来。

这时，勾践又想派兵攻打吴国，他的手下人反对说:"我们的国家刚刚有了起色，还不一定能打败吴国。吴王夫差依仗自己国力强大，经常出兵欺负别国，与齐、晋、楚等国结下了冤仇。不如我们先结交这些国家，等待时机，共同讨伐吴国。"勾践听从了大家的意见。

不久，吴王夫差派军队打败齐国。文种对勾践说："现在吴国正沉浸在胜利的喜悦之中，不妨我们先去试探一下吴王，看看他对越国还有没有戒心。"于是，文种便去吴国拜见夫差。他对吴王夫差说，越国正闹粮荒，想跟吴国借些粮食。吴大臣认为其中有诈，劝吴王不要借，但吴王听不进去，最终还是把粮食借给了越国。文种心里暗暗高兴，知道吴王没有防备越国。

三年后，吴王夫差率领大军，去黄池与其他一些国家的国君会盟，国内只剩下老弱残兵留守。

越国报仇雪恨的时机终于到了，越王勾践亲自率领 5 万大军进攻吴国，一举占领了吴国的都城。

吴王夫差得知这一消息，惊得目瞪口呆。他怕参加会盟的其他国君嘲笑他，没敢声张，订完盟约后，匆匆忙忙领兵回国。

吴王派人送了一份厚礼给勾践，请求讲和。勾践觉得没把握彻底打败吴国，便同意了。

又过了 4 年，越国做好了充分准备，再度大举进攻吴国。吴国由于连年征战，早已没什么力量了，被越国打得大败。夫差死守被越军团团围住的都城，越军一围就是三年，夫差走投无路，只好自杀了。

勾践消灭吴国后，又带领大军渡过淮河，在徐州召集一些国家的国君开会，订立盟约。从此，勾践登上了霸主的宝座，号令天下。

五羖大夫——百里奚

百 里奚是春秋时虞国的大官，以德才兼备闻名于当时。

晋国灭虞后，百里奚被抓到晋国，又被作为陪嫁之臣送到秦国。他觉得自己像物品一样，被转来转去，有失人格，就寻机从秦国逃了出去，不幸落到楚国人的手里，成了阶下囚。

秦国国君秦穆公听说他落到了楚人手里，就想将他要回来。又怕楚王不答应，就派人告诉楚王说："我们因陪嫁得来的一名臣子在你们那里，我们想用五张黑色公羊皮把他赎回来，不知是否可以？"楚王不知秦穆公所指就是百里奚，又见有五张公羊皮的赚头，便欣然答应了。

这样，秦穆公便把百里奚换了回来，并任他为大夫。因当时人们把黑公羊称作羖，所以大家便称百里奚为五羖大夫。

百里奚回到秦国，秦穆公亲自为他打开囚锁，免去他囚徒的身份，还同他讨论国家大事。年已70多岁的百里奚心有余悸，推托说："我是亡国之臣，怎敢同大王讨论政事。"秦穆公说："虞国国君不重用先生，所以虞国才灭亡了。这不是先生的过失，错在你的国君。"百里奚见秦穆公确实是位礼贤下士的国君，便和他畅谈治国之道。秦穆公见他所谈颇有道理，很有治国才能，非常高兴。于是，就把国家大事交由他处理。

为了帮助秦穆公更好地治理国家，百里奚很重视向穆公推荐人才。

当初，秦穆公把国事托付给他的时候，他就曾谦让地说："我不如我的朋友蹇叔，蹇叔的德才是世人皆知的。我曾经困在齐国，落魄讨饭，蹇叔收留了我，我想侍奉齐君，蹇叔阻止了我，我才得以逃脱齐亡之难。后来，我又到周国，周王的儿子喜欢牛，我又因识牛而得到他的赏识，等到他想用我的时候，蹇叔又阻止了我，我离开了周国，才幸免被人杀死。当我打算侍奉虞国国君的时候，蹇叔再次规劝我。虽然我知道虞国国君不会重用我，但我醉心名利，还是留在了虞国，结果终于蒙受了亡国之灾。至此，我才知道他比我更有水平。"

秦穆公听他这么一讲，立即派人以重金迎请蹇叔，让他做了上大夫，与百里奚共同辅政。

百里奚辅政期间，在对外关系上，积极树立秦国的威信，为秦国争取人心。有一年，与秦国相邻的晋国发生了旱灾，粮食短缺，饥民遍地。晋国向秦国借粮。在此之前，晋国国君曾做了失信于秦国的事。所以，当晋国向秦国借粮时，有些大臣就说，晋国背信弃义，不仅不应借粮食给他们，还应趁机攻打他们。

秦穆公问百里奚这事该怎么办，百里奚回答说："晋国国君得罪了大王，但晋国的百姓没有得罪大王。"言外之意，秦国应该把粮食借给晋国。秦穆公采纳了百里奚的建议，用船把粮食运到晋国。晋国的百姓吃到了救命粮，无不感激秦国的恩德。史称此事为"泛舟之役"。

有一年冬天，郑国有人答应为秦国作内应，希望秦国攻打郑国。秦穆公征求百里奚的意见。百里奚说道："穿越数千里之遥袭击他国，成功的希望很小。既然有人出卖郑国，怎能保证就没人出卖秦国，千万不能出兵。"秦穆公原本想得到他的支持，没想到他竟不同意出兵，便生气道："你不了解情况，我已决定出兵了。"于是，在开春之后，派兵伐郑。事情正像百里奚料想的那样，秦军大败而归。消息传来，秦穆公后悔不迭，痛苦地说："这都是因为我不听百里奚的话造成的呀！"

打这以后，秦穆公更加重视百里奚的意见了，并在百里奚的辅佐下建立了霸业，成为著名的春秋五霸之一。

慧眼识千里马——伯乐

人们大都知道伯乐相马的故事。其实在古代的传说中，伯乐是天上管理马匹的神仙。人们借其名来用，所以就把世间精于鉴别马匹优劣的人称为伯乐。

第一个被称作伯乐的人叫孙阳，是春秋时代的人。由于他对马的研究非常出色，人们便忘记了他本来的名字，干脆称他为伯乐，而这种称呼一直延续到现在。

有一次伯乐受楚王的委托，为楚王寻觅能日行千里的骏马。伯乐向楚王说，千里马世间少有，寻找起来也不容易，需要到各地巡访，不是一天两天就能办好的事情。请楚王务必不要着急，他自会尽全力将事情办好，为楚王带回真正的千里马。

为了寻找真正的千里马，伯乐不辞辛苦，连月来奔跑在几个国家之间。但是，伯乐却没有发现能令他满意的骏马，就连素以盛产名马著称的燕赵一带，也没有发现千里马的踪迹。几个月来，伯乐仔细寻访，辛苦备至，却依旧没有发现中意的宝马良驹。

俗话说：踏破铁鞋无觅处，得来全不费工夫。一天，伯乐疲惫地从赵国返回，心里很是难过，时间已经好久了，依旧没有千里马的踪迹。可是在路经太行山时，伯乐看到了一匹拉着盐车的马，这匹马正很吃力地在陡坡上行进。马累得呼呼喘气，每迈一步都十分艰难。驾车的人却没有丝毫怜惜，粗重的鞭子狠狠地抽打在马身上，这匹马发出了委屈的叫声。伯乐对马向来很亲近，不由就走到了这匹备受凌辱的马的跟前。

伯乐一走近这匹马，顿感这马不同寻常，而这马一见伯乐走近，突然抬起头来瞪大眼睛，大声嘶鸣，好像要对伯乐倾诉什么。相马经验丰富的伯乐立即从声音中判断出，尽管这匹马瘦骨嶙峋，但它正是一匹难得的千里马，不由心疼得流下泪来，上前用手抚其背，还用自己的衣服为它盖上，这匹马仿佛有灵性，见伯乐如此爱戴它，觉得自己找到了知音，便低下头用前蹄叩地，又抬起头来大声嘶鸣，叫声竟能穿越重重山岳，在天际回响。

伯乐心里非常高兴，便对驾车的人说："这匹马如果是在疆场上驰骋，任何马都比不过它，但用来拉车，它却不如普通的马。你还是把它卖给我吧。"

这下驾车的人可乐坏了，他认为伯乐是个大傻瓜，竟然买这样的马。这匹马实在太普通了，拉车没气力，吃得又太多，还骨瘦如柴的样子。其实，他早就想卖掉它了，只是没人愿意买，现在见伯乐想买，就毫不犹豫地同意了。

伯乐寻访到了真正的千里马，不敢怠慢，就急忙要把千里马献给楚王。他骑着千里马奔驰如飞，日行千里直奔楚国，不几日便至楚国国都郢城。

伯乐牵马来到楚王宫，准备把千里马敬献给楚王。他拍拍马的脖颈。在马的耳边轻声地说："你是天地间难得一见的千里马，我给你找到了好主人，你可要争气啊！"

千里马似乎明白了伯乐的意思，抬起前蹄敲击地面，把地面震得咯咯作响，又引颈长嘶，声音洪亮，如大钟石磬，直上云霄。就连深宫中的楚王也被马嘶声所吸引而走出宫外。伯乐便指着马说："大王，我把千里马给您带来了，请仔细观看一下吧。"

但楚王一见伯乐牵的这匹马，其貌不扬且瘦得不成样子，与自己想象中的骏马的丰姿威猛的神态实在不相符，楚王有点生气，认为伯乐在愚弄他，便说："我相信你会看马，所以才放心地让你买马。但是，你却辜负了朕对你的期望。你看你买的是什么马呀，这马连走路都很困难，能上战场厮杀吗？"

这时伯乐坦然地对楚王解释说："大王，俗话说人不可貌相，这确实是匹千里马，是世间难得的宝马。不过，世间的人们没有发现它是宝马，它没有被当做千里马，只是被看做了普通拉车的马，它拉了一段时间的车，马夫喂养得又很不精心，所以，这匹宝马现在看起来很瘦。但是大王请放心，只要精心喂养，不出半个月，它一定会恢复体力，显出它千里马与众不同的品质。"

楚王一听，将信将疑，他说："那好吧，我就再听你一次。"他命宫中的马夫尽心尽力把马喂好，十日之后，这匹马就变得精壮无比，一副英勇迅捷的神态。

伯乐便让楚王骑一骑试试，楚王便高兴地跨上马，刚扬起鞭子，这马便跑开了，楚王但觉两耳生风，只片刻的工夫便已跑出数十里外。楚王大喜，后来这匹千里马成为了楚王的坐骑，为楚王尽心尽力地完成了不少事务，这匹马死后，楚王想以国礼葬之，被人劝住才罢。

治国有方的天下名相——子产

春秋时的周天子早已失去了往日的威风，各地诸侯根本不把他放在眼里。当时天下大乱，各色人等纷纷登上历史舞台，演出了一幕幕悲喜剧来，子产便是其中一位颇具传奇色彩的人物。

子产

子产是郑国的宰相，本名公孙侨，由于当时人们都以他的字来尊称他，所以他便以字出了名。

子产治理郑国时，正是北方晋国与南方楚国争霸的时候。郑国地处晋楚之间，是个小国。无论从哪个方面来看，都是晋楚争夺的对象，处境十分艰难。为了使郑国在大国争霸中得以保全，子产采取了既不触怒大国又不丧失国格的灵活外交手段，周旋于大国之间。

有一年晋国的大官韩宣子出访郑国，他有一块珍贵的玉环先前卖给了郑国商人，他想利用这个机会以大国使臣的身份向郑国再白白要回来。子产知道后，召开会议商讨对策。

子产认为如果韩宣子是一位普通的来访者，送他一块玉环，倒是可以的。可韩宣子是晋国的使臣，而晋国又一直想控制郑国，他索取玉环显然是想以强欺弱。要是给了他，那就是我们怕他们晋国。我们只要一表现出害怕来，就会有更多的强国来欺辱我们。因此，这块玉环是不能送给他的。

　　子产通过外交渠道通知了韩宣子。韩宣子非常喜欢这块玉，见正面要不回来，就暗中派人到郑国商人那里以低价强行收买，在买卖就要成交的时候，子产及时派人制止了。随后子产又约见韩宣子，向他晓以大义，说服了韩宣子。

　　通过交谈，韩宣子感到子产是一位了不起的政治家，认为郑国有这样的能人真是大幸。只要子产在，还是少打郑国的主意为妙。为了表示对子产的敬意，韩宣子回国前还特意赠送了良马和美玉给子产。

　　子产不仅外交上有一套，处理内政也在行。他认为要想治理好国家，就要倾听老百姓的意见，重视舆论监督的作用。不毁乡校便是一个典型的例子。

　　乡校既是学校，又是乡间的公共场所，是乡人聚会议事的地方。郑国人习惯在乡校聚会，议论大人物治国的得失。当时有一个叫然明的大官，对此心存忧虑，认为老百姓议政会扰乱国家，应毁掉乡校以除后患才是。

　　子产则不同意毁掉乡校的做法。他对然明说："还是不毁掉为好。老百姓说我们做得对的，我们就继续做；老百姓说我们做得不对的，我们就改正。老百姓就像是我们的老师，他们可以时时修正我们的做法，使我们不至于犯大错误。这就像治理河流，要疏导而不要堵塞。疏导，河水才能通畅，不会闹水灾；堵塞，河水就会越积越多，决堤泛滥，酿成大祸。老百姓的议论，就像一剂良药，虽然苦口，却能治病。"然明听了子产的这一席话，醒悟过来，说："子产是可以成大事的人，不仅我们大臣可以依赖他，就连我们的郑国也是可以依赖他的。"

　　子产十分重视学习，主张先学习做事，后从政。有一次子皮想让尹何做邑大夫，子产问子皮说："尹何这个人怎么样呀？"子皮说："尹何这个人很不错，我很喜欢他，他不会背叛我。不过他还不太会做事，让他就任后再学习学习，也就逐渐地会做了。"子产听后马上说道："不能让一个还没学会做事的人去做官。您这不是爱他，而是害他。现在您因为爱他，便把政事交给他，这就好像一个人还不会使刀，却让他去割东西一样，结果是东西没割好，却割伤了自己。"子产见子皮没有反应，便又继续说道："我听说只有学习做事之后才能做官，而没听说先做官，后学习做事的。比方说打猎吧，只有熟悉射箭驾车的人，才能在打猎中获得猎物，如果连射箭驾车还没学会，那是无论如何也不会打到猎物的。"子皮认为子产说得有道理，便没有任用尹何。子产的这种先学习做事后从政的主张，堪称有识之见。

子产一生始终以国家利益为重，治国颇有建树，郑国因他而得以安然自立。他深得郑国百姓的爱戴。他去世的时候，老百姓号哭不已，如丧父母。孔子评价子产说："子产不在了，古人的遗风不再有了。"

机敏善辩多谋略——晏婴

两千五百多年前的春秋末期，齐国出了一位有名的政治家，他的名字叫晏婴。他长得很矮，只有 1.4 米，但在政治才能上却是个巨人，聪明善言，具有原则性，做了许多有益于国家的事情。人们都尊敬他，称他为晏子。

晏子辅政时的齐国已走向了衰落，其他大国越来越不把齐国放在眼里，在与其他大国周旋的过程中，不受其辱便成为齐国使臣的一件十分重要的事情了，晏子在这一方面便做得十分出色。公元前531年左右，晏子奉命出使楚国。楚王在招待晏子的宴会上，特意叫手下人提来一个犯人，说他是齐国人，在楚国偷窃时被抓住的。楚王向晏子挑衅道："齐国人都爱好偷东西吗?"一句话说得在场人哄堂大笑。晏子见楚王如此问话，便站起来说道："大王，我听说橘子树长在淮河以南，结的果实叫橘子，味甜爽口；长在淮河以北，结的果实叫枳子，味涩难咽。而橘子与枳子，外表差不多，味道却不同，原因是这两个地方的水土不一样。大王抓的这个人，在齐国不偷东西，到楚国却偷了，这是不是楚国的水土使人善偷了呢?"楚王闻听此言，不禁一阵难堪，只好顾左右而言他了。

晏子不仅善于外交，更善于治理内政，力主宽松刑罚。有一次国

晏 婴

君的一匹宝马突然死了，国君非常生气，认为是马夫不尽心饲养造成的，一怒之下要肢解马夫。晏子对国君说："远古的时候，尧舜肢解人，是从身体的哪一部位开始的呢？我们应按古代圣贤的方法去做。"国君猛然醒悟，尧舜是古代贤君，贤君是不用酷刑杀人的，于是立即改变了主意，将马夫关进牢房，等候处理。晏子见国君虽然改变了做法，但还不彻底，便又对国君说，关他进牢房倒可以，不过得先向他宣布一下罪状，好使他心服口服。晏子于是对马夫宣布说："你犯了三项死罪：第一，你养死了国君的马；第二，你养死的是国君最喜爱的马；第三，你使国君为马而杀人，让百姓怨恨国君重马不重人。"国君在旁听了晏子的话，知道自己又错了，便改口道："把马夫放了吧，别让他毁了我的名声。"

晏子还主张物尽其用，宽省民力，反对奢侈浪费。一天国君与晏子登高望远，欣赏秀丽山河。国君对晏子说，希望世世代代拥有这片美丽的国土。晏子便乘机进谏道："自古以来，国君只有做有利于百姓的事儿，才会获得百姓的拥护，自己的子孙才会永保江山。您虽然有美好的愿望，可实际上却反其道而行之，这怎么行呢？"国君见他这样说，也觉得自己以前有很多不对之处，便向晏子请教治国安邦的办法。晏子说："国君您的牛马圈在圈里，粮食藏在仓里，衣物放在柜里，酒类储在窖里，这些物品本来应该加以充分利用以壮大国力，或者分发给百姓以利民生。可是现在您不但不这样做，反而向百姓横征暴敛，大兴土木，浪费国家财力物力，这与暴政没什么两样，是治国的大忌。"在晏子的劝说下，国君终于改变了以往的做法，齐国因此也有了生气。

作为杰出的政治家，晏子更重视的是国而不是君。齐庄公在位时，权臣崔杼联合同党利用早朝的机会发动政变，杀死了齐庄公。

晏子的手下人对晏子说："死吗？"

"崔杼虽无道，但他杀死的是一个昏君，我不会为昏君而死。"

"逃吗？"

"我不会为一个死去的昏君而逃，再说我也不能把齐国让给一个无道的崔杼来统治。"

"离开吗？"

"奸臣当政，即使离开，又能到哪里去呢？"

正说着，叛臣崔杼带人走了过来，逼着在场的大臣宣誓效忠于他，不从者，立即斩首。轮到晏子宣誓的时候，晏子坚决不从，说："崔杼你这样做，国家会大难临头的。"崔杼见他不从，便劝道："先生只要改变态度，我可与你共掌国政。如果您不改变态度，那我就不客气了，希望您三思。"晏子没有被他吓倒，厉声说道："杀了我，我也不改变态度。"说罢便伸出脖子让他砍。崔杼怕除掉晏子，激起民愤，便放了晏子，没敢杀他。

晏子在齐国辅政五十余年，为齐国赢得了声誉，与管仲齐名，在历史上被合称为"管晏"。他有许多故事流传下来，后来又被整理成书，这就是我们今天所见到的《晏子春秋》。

忠烈丈夫——伍子胥

伍子胥出身于楚国名门，他有勇有谋有远见，是一代贤臣。

伍子胥的父亲在楚平王时给王太子当老师，因得罪了楚平王，被投入监狱。为消除后患，楚平王决定将伍子胥也一同抓起来，以免他以后替父报仇。

于是楚平王派人去抓伍子胥。

伍子胥一见来人，就知道是怎么回事了，但他并不害怕。他站在门前，搭箭于弓，对着来人质问道：

"我父亲有什么罪，你们把他抓起来？俗话说'一人有罪一人当'，我父亲即便有罪，也应由他一个人承担，为什么又来抓我？你们这样做是不是也有点太过分了！"

"有话好说，有话好说。"来人急忙解释道，"不是我们要抓你，是大王要抓你，你还是跟我们走一趟为好，不然我们不好交差呀。再说，就你这态度，是不会有好果子吃的。"

伍子胥一听这话，更加气愤："大王昏庸无道，为奸人蒙骗，不明事理。难道你们也不明事理？你们赶快回去，不然的话，今天我伍子胥放过你们，我手中的箭也放不过你们。"说罢便拉紧弓弦做发射状。

来人见事儿不好，也只好往回走，边走边说："伍子胥，这可是你自找的，大王是不会放过你的。下次再来人，可不会像我们这样客气，你等着瞧吧。"

伍子胥知道楚国不能再待下去了，于是就打点行装，连夜逃到了吴国。

伍子胥来到吴国后，做了吴国的大夫，辅佐吴王，打败了楚国。因为他功劳大，吴王便把申这个地方赏赐给他，所以大家又叫他申胥。

后来夫差做了吴王，伍子胥帮助他打败了对吴国最具威胁的越国。越王见事不好，立即请和，表示臣服，夫差准备答应。伍子胥则反对议和，他说："越王为人善忍，如果现在不乘机消灭他，以后我们一定会后悔的。"

夫差道："大夫所言过重了，越王是败将一个，今后不会有大的作为，他如果有本事的话，也不至于现在就败在我的手里。穷寇勿追，还是和为贵吧。"于是，便同越国签了和约。

五年后，齐国丧君，国内一片混乱，夫差想借机伐齐。伍子胥认为吴国的首要任务是灭越，不是伐齐，便对夫差道："越王每天吃粗茶淡饭、不沾荤腥儿，过着清苦的生活。并且在国内访贫问苦，这是想有所作为呀！此人不死一定是吴国的祸害。现在吴国有越国在侧，就犹如一个人有心腹疾病一样。如果大王不先对付越国，而去打齐国的主意，是要犯错误啊。"夫差笑道："大夫不必多虑，我自有主张。"随后，夫差派兵攻齐，大获全胜。从此，夫差便越来越不相信伍子胥的建议了。

太宰嚭与伍子胥素来不和，就趁机在夫差面前说："伍子胥为人强硬凶暴，缺少德性，猜忌狠毒，大王多次未采纳他的建议，他一直怀恨在心，他的怨恨恐怕会酿成大祸的。上次大王想要攻打齐国，伍子胥认为不行，但大王最后却得胜而归。他自认为是先王的谋臣，如今不被重用，常常郁闷埋怨。希望大王及早考虑这事儿，如果可能的话，寻个机会除掉他算了。"

夫差听了太宰嚭一番火上浇油的话，心里更加不快，说道："我早看出这家伙不是什么好东西，我说东，他就说西，总觉得自己了不起，是个人物，没见他说的哪件事儿是说对了的。这种人留着他也无益。既然你也认为应该除掉他，那就除掉他算了，以免我见着他心烦。"

于是，夫差把伍子胥传来，递他一把宝剑，对他说："谋臣无谋，活着也没什么用处，你就用这把宝剑自行了结吧！"伍子胥见此情形，仰天长叹道："唉！说坏话的小人在侧，大王却反而要杀忠臣！我曾帮助你父亲称霸，还立你为王。当初你要分半壁江山给我，我都没要，现在你听信谗言杀我，天理何在！"

在旁的太宰嚭怕夫差听了伍子胥的话改变主意，连忙催促道："既然你自认为是个忠臣，那你还不快点尽忠，在这里啰哩啰嗦地干什么，难道你怕死不成？""大丈夫岂有怕死之理，只可惜国家将要葬送在你们手里，我心不甘呀！"说罢提剑刎颈而死。

伍子胥死后，吴人怀念他的忠烈，在江边为他修筑了祠堂。

没过几年，吴国果然被强大起来的越国灭掉了，夫差也落得个自杀的下场。

痛哭七日搬秦师——申包胥

春秋时期，楚国的楚平王听信谗言，用计杀了伍子胥的父亲和兄长，伍子胥愤恨异常，一心要报仇雪恨。

伍子胥初在楚国为官时，和申包胥是至交，逃跑时伍子胥对申包胥说："我一定要颠覆楚国。"

申包胥说："我一定要保存楚国。"

伍子胥后来逃到吴国，帮助阖闾得到了王位，几年之后，吴国国力强大，伍子胥便说动吴王伐楚，这时楚平王已死，楚昭王在位，吴兵攻进郢都大肆劫掠，伍子胥搜寻昭王，没有找到，就让人挖开楚平王的坟，拖出他的尸体，鞭打了300下才停手。

申包胥在兵乱中逃到山里，听说了吴兵和伍子胥的暴行后，他派人去对伍子胥说："您这样报仇真是太过分了！我听说：'人多可以胜天，天公降怒也能毁灭人。'您原来是平王的臣子，亲自称臣侍奉过他，如今弄到侮辱死人的地步，这难道不是伤天害理到极点了吗！"伍子胥对来人说："你替我告诉申包胥：'我就像太阳落山的时候，路途还很遥远。所以，我要逆情背理地行动。'"

申包胥便想跑到秦国求救，他跋山涉水，历尽艰辛，脚板结着厚厚的茧，腿也碰破了，用了七天七夜的时间，终于来到了秦国。在见到秦国国君秦哀公后，申包胥对他动之以情，晓之以理，没想到秦哀公为了省事，竟然不答应出兵救楚。申包胥也没有办法，他就坐在秦国朝廷宫殿的外墙上日夜不停地痛哭，一连七天七夜没有中断，连口水也没有喝。

他的忠诚和决心终于感动了秦哀公，秦哀公让人把他扶上来，对他说："楚王虽然是无道昏君，但有这样的臣子，楚国就不应该灭亡！"于是就派遣了500辆战车去攻打吴国，还唱《无衣》之诗安慰申包胥，诗曰："岂曰无衣，与子同袍，王于兴师；修我戈矛，与子同仇。"大军准备妥当后，申包胥也随军前往。

后来秦军在战场上与吴军交锋，申包胥身先士卒，秦军受到鼓舞大败吴军，这时吴国闹内乱，近邻的越国也趁机前来攻打吴国，再加上楚国国内的反抗不断，吴王阖闾遂下令班师回国，楚国终于得以复国。

激流勇退的赤胆忠臣——范蠡

范蠡是春秋末年越国的著名政治家，以其卓越的政治才能，帮助越王勾践奋发图强，为越灭吴立下了汗马功劳。

开始，吴国打败了越国。越王勾践被迫向吴称臣，而且还要到吴国去服役。身为越国大夫的范蠡不以亡国之臣为耻，毅然陪同越王前往吴国。

范蠡随越王到吴国后，吴王召见了他们君臣。吴王对范蠡说："我听说，贞节的女子不作亡国之奴，仁人贤士不作亡国之臣。如今越王无道，国家灭亡，你身为国

范蠡

家大臣，没有帮助自己的国君治理好国家，难道不感到羞耻吗？不过这事也不能完全怪你，主要是你们的国君太不自量力了，竟然敢和我较量，这不是拿鸡蛋往石头上撞吗！我看你还是个明白人，只要能改过自新，效忠吴国，我就赦免了你，你以为如何？"

"我听说亡了国的臣子，不敢谈论政事，打了败仗的将军，不敢谈论勇敢。由于我的不忠不信，才使越国遭到失败，君臣投降。好在大王您宽宏大量，我们君臣才得以保全性命。现在我无话可说，既然大王您看得起我，岂有不从之理。再说，我不从也得从呀！希望在内为您洒扫庭院，在外供您驱使奔走，这也算是我的心愿了。"

吴王听他话里有话，就威胁他说："既然你不愿意改变志向，那我

也只好把你关起来了。"

范蠡坦然地回答："愿意从命。"这样，范蠡又被关了起来。

范蠡对越王很尊敬，从不失君臣之礼。与越王在吴国服役的时候，也是始终如此。吴王看见后，慨叹道："范蠡真是个有节操的人呀，只可惜落得个如此境地，我真替他难过。"

越王勾践虽然臣服了吴国，但是心里却一直想恢复王位。范蠡劝导勾践学会容忍，说小不忍则乱大谋，只有委曲求全，博得吴王的好感，才有机会获释回国。

勾践屡次表白臣服吴王，愿一辈子做吴王的仆人，吴王渐渐地信以为真，放松了警惕。认为他们丧失了复国之志，把他们留在吴国也没多大用处，便把他们放回去了。

越王回国后，在范蠡的辅佐下，不几年的工夫，国力就增强了很多。势力一强，越王就想攻打吴国，以报先前之辱。范蠡觉得国力虽有增强，但出战时机还不成熟，委婉地向越王建议说："我听说，打算消灭敌国，行动前要充分了解敌国的情况，现在吴国有衰退的迹象，但实力还在。我建议大王先整顿军队、装备武器，等待吴国彻底衰落了，再乘机攻打。到那时，不用费很大劲，就会使他们君臣做您的俘虏。"越王采纳了范蠡的意见。

又是几年过去，越国实力更加强大了，国君在百姓心中的地位，也有了很大提高。而吴国内部斗争却越来越激烈，国力明显衰弱。越王再次征求范蠡用兵吴国的意见。范蠡说："现在可以了。"

于是越王发兵攻吴，大败吴国，吴王兵败自杀。

灭吴后，越王大摆酒宴欢庆胜利。席间，群臣欢声笑语不断，唯有范蠡脸色沉重，没有丝毫欢乐的样子。跟随越王多年的范蠡已经看出，越王的思想发生了变化，不是以前那个卧薪尝胆的越王了。他已经变成了只可与其共患难，不能与其同欢乐的人了。

范蠡对和自己关系不错的文种说："老兄，咱们离开越国吧，说不定什么时候，越王会杀掉我们的。"文种不以为然，笑道："范大夫，你多心了，越王不是那种人。"范蠡见文种不听劝告，便独自向越王告辞。越王说："你走了我会很伤心的，还是留下吧。"范蠡坚持要走，说："天下没有不散的宴席，请大王多多保重。"于是离开越国，避免了杀身之祸。不听其劝的文种后来真的被越王给杀掉了。

范蠡辗转来到齐国，隐姓埋名，自称鸱夷子皮，一边耕种，一边经商，积蓄了几十万家产。齐国人听说他贤能，便请他为相。范蠡感叹地说："在家能聚千金财富，外出便能做官任相职。这对于普通百姓来说恐怕是天大的好事了，可对我来说这未必就是件好事呀。"

于是送还相印，把家产全部分散出去，秘密地离开了齐国，又来到了一个叫做定陶的地方。

在定陶，范蠡自称陶朱公，从事商业活动。他有头脑，会经营，善于捕捉有利时机，能获十分之一的利润。没多久，便又积蓄了上亿的财产，成为富甲一方的大户。

在定陶时，范蠡的二儿子因杀人罪被囚在楚国。范蠡认为，杀人判罪是正常的，不过希望自己的儿子能被体面地处决。便让小儿子去楚国，看能不能通融一下。可是大儿子坚决要去，没办法只好让老大携带巨款前往，并给老朋友庄先生带去一封信，对老大说："你一到那里，就送千金给庄先生，照庄先生说的去做，千万别和他对着干。"

老大到了楚国，立即去拜见庄先生。庄先生很贫困，住在茅草屋里。老大按照父亲的指示，送千金给庄先生。庄先生说："你赶快回去吧，千万别在这里逗留，即使你弟弟放出来，也不要问为什么。"

老大告别庄先生，仍然逗留在楚国，以钱财结交当权人物。庄先生以廉洁闻名，全国上下都尊敬他，他收下范蠡送来的巨款，是准备事成之后归还。可范蠡的大儿子没看出来，还以为庄先生是个无足轻重的小人物。

　　庄先生找了个适当的机会，面见楚王，对楚王说："现在楚国各方面都很不错，只是大王的声威还不很够，希望大王能有所举措，树立声威。"楚王说："先生所言极是，我准备实行大赦，以树声威。"

　　老大听说楚王要大赦，自己的弟弟当然会被释放，送给庄先生的巨款岂不白送了吗？于是又去看庄先生。庄先生大吃一惊，说："你怎么还没走啊？"老大就说："我没走，当初是为了侍候弟弟，现在弟弟的罪自动赦免了，所以来向先生辞别。"庄先生明白他的意思，便说："你把那笔钱拿走吧。"老大把钱拿走，心里暗自庆幸。

　　庄先生见自己被小孩子耍弄了，觉得很没面子，便又入见楚王，说："大王，我听说您要为一个叫陶朱公的儿子，赦免天下，看来有钱真是能使鬼推磨呀。"楚王大怒："这是谣传，我怎么会为一点小钱而大赦天下呢！"于是便命令先处决范蠡的二儿子，然后大赦天下。

　　老大把他弟弟的尸体运了回来，亲朋好友无不为之悲痛，只有范蠡笑道："我早知会是这样，老大不是不爱他弟弟，而是他总是舍不得钱财，对钱财看得很重。假如让小儿子去，就不会这样，因为他对钱财看得不是很重。现在老大因为钱财而使自己的弟弟死去了。"

　　范蠡多次迁移，每次都能留下美名，这是因为他对名声和钱财既重视，又不为其所左右的结果，可见正确对待名声和钱财是十分重要的。

足智多谋的军事家——孙膑

<big>孙</big>膑是孙武的后代，战国时期齐国人。

孙膑年轻的时候，和一个叫庞涓的人一起学习兵法。孙膑聪明好学，又很有才华，深得老师的赏识。庞涓智力赶不上孙膑，心中非常嫉妒。

孙膑

学成后，庞涓到魏国当了一名将军。当时天下大乱，各国之间战争不断。庞涓怕孙膑到其他国家去，成为自己的对手，而自己的军事才能又不如他，就把孙膑骗到魏国，设计陷害他，弄残了他的双腿，还把他软禁起来，使他无法发挥自己的才能。

可是孙膑并没有屈服，想方设法要回到自己的国家——齐国去，用自己所学的知识报效齐国。当时正巧有一位齐国的使臣到魏国办事，孙膑便向这位使臣说出了自己要回齐国的心愿，使臣很同情他，便把他藏在车里带回了齐国。

齐国有位叫田忌的将军，知道孙膑有才能，就把他接到自己的家中，经常和他谈论兵法。田忌常与齐王赛马，可是每次都输。孙膑就给田忌出了个招法，让他在下次比赛时，用下等马和齐王的上等马比，输掉一场。用上等马和齐王的中等马比，用中等马和齐王的下等马比，连赢两场。这样，三场下来，两胜一负，也就赢了。田忌听了，连称妙计，一定要试试。

第二天，田忌去和齐王赛马，果然赢了。齐王输得有些奇怪，问田忌是怎么回事，田忌就把孙膑的招法告诉了齐王。齐王于是召见孙膑，在谈话中，齐王发现他确实很不一般。从此非常敬重他，把他当作自己的老师。

后来，魏国出兵攻打赵国，赵国向齐国求救。齐王派田忌和孙膑领兵援救。田忌想直奔赵国去和魏军作战。孙膑却认为："魏国大军在外，国内必定空虚，不如先去攻打魏国的都城，魏军必然回国解救，对赵国的包围自然就解除了。"田忌接受了孙膑的计策，率军去攻打魏国的都城。果然不出所料，魏军急忙从赵国撤兵回救，齐军又在路上设伏，把魏军打得大败。

由于孙膑的这条计策十分灵验而又典型，因而被后人作为一计，编入《三十六计》，即"围魏救赵"之计。

13 年后，原本敌对的魏、赵两国又联合起来去攻打韩国。韩国向齐国求救。齐王又派田忌和孙膑领兵去救韩国。他们仍用上次的计策，先去攻打魏国的都城。领兵在外的魏将庞涓得知这一消息，慌忙率军撤离韩国回救，等庞涓赶回魏国边界的时候，齐军已经越界向魏国都城逼近了。庞涓只好领兵在后面穷追紧赶。

齐军进入魏国后，孙膑对田忌说："魏军一向狂妄自大，认为齐军胆小，不把齐军放在眼里。我们可因势利导，利用他们的这种傲慢心理，设法让他们上当。"

孙膑用减灶的计策迷惑敌人。进入魏国的当天，齐军挖了 10 万个做饭用的灶坑，第二天挖了 5 万个，到了第三天只挖了 3 万个。庞涓领兵在齐军后面追了三天，见齐军的灶坑每天都减少许多，便得意地说："我早就知道齐军胆小，进入魏国才三天，逃兵就已经超过了一半，对付这样的军队根本用不着大部队。"于是他把大部队甩下，只带领少数轻骑兵日夜追赶齐军。

孙膑得知庞涓已经上当，便在一个叫做马陵的地方设下伏兵，这个地方路很窄，地势险要。孙膑预料庞涓会在天黑以后赶到这里，就命人把路旁的一棵大树刮掉一块树皮，在露出的白色树干上写上"庞涓死于此树下"几个大字。然后命令齐军埋伏在道路两旁，对他们说："天黑以后，看见火光就一齐放箭。"

庞涓在天黑以后领兵赶到了马陵。他看见路旁的大树上好像写着几个字，便命人点起火把，想看看写的是什么。还没等他看完，齐军见到火光就万箭齐发，魏军一下子被打得大乱。庞涓走投无路，只好自杀，他的军队全部被消灭。

这一仗使得孙膑名扬天下，他所运用的战略战术也被世代流传了下来，大家都把他看成是一位了不起的军事家。我们今天所看到的《孙膑兵法》，就包括了他全部重要的军事思想。

眼盲心不盲——师旷

师旷是春秋时晋国著名音乐家，字子野。冀州南和（今河北省南部）人（当时地位最高的音乐家名字前常冠以"师"字）。生活在公元前572—公元前532年，晋悼公、晋平公执政时期。

师旷天生眼盲，常自称"瞑臣""盲臣"，音乐知识非常丰富，不仅熟悉琴曲，并善用琴声表现自然界的音响，描绘飞鸟飞行的优美姿态和鸣叫。他听力超群，有很强的辨音能力。汉代以前的文献常以他代表音感特别敏锐的人。如《淮南子·氾论训》说："譬犹师旷之施瑟柱也，所推移上下者，无尺寸之度，而靡不中音。"《周书》记载他不仅擅琴，也会鼓瑟。师旷也通晓南北方的民歌和乐器调律，《左传》记载："晋人闻有楚师，师旷曰：'不害！吾骤歌北风，又歌南风。南风不竞，楚必无功！'"

有一次师旷听到晋平公铸造的大钟音调不准，就直言相告，晋平公不以为然，后经卫国乐师师涓证实果然如此。

到晚年时，师旷已精通星算音律，撰述了《宝符》100卷，在明、清的琴谱中，《阳春》《白雪》《玄默》等曲解题为师旷所作。

师旷有非凡的音乐才华，但却比较保守，晋平公喜欢新声，曾听师涓演奏新曲，师旷当场攻击是"靡靡之音""亡国之音"。师旷认为可以通过音乐来传播德行。

师旷虽仅是一个乐官，一生均在宫中生活，但他的地位不同于一般乐工，他对政治有自己的见解，敢于在卫侯面前发表自己的意见。

也向晋王提出了许多治国主张。有一次，晋平公感叹师旷生来就眼瞎，饱受昏暗之苦，师旷则言天下有五种昏暗，其一是君王不知臣子行贿博名，百姓受冤无处申；其二是君王用人不当；其三是君王不辨贤愚；其四是君王穷兵黩武；其五是君王不知民计安生。师旷甚至曾用琴撞击晋平公，以规劝晋平公勿沉湎于个人享受。

当卫献公因暴虐而被国人赶跑时，晋悼公认为民众太过分，师旷则反驳说："好的君主，民众当然会拥戴他，暴虐之君使人民绝望，为何不能赶他走呢？"晋悼公听了觉得很有道理，于是又问起治国之道，师旷简言之为"仁义"二字。

齐国当时很强盛，齐景公也曾向师旷问政，师旷提出"君必惠民"的主张，可见师旷具有强烈的民本主义思想，故他在当时深受诸侯及民众敬重，真可谓是眼盲心不盲。在后世的传说中，师旷还被演化成音乐之神、神话中顺风耳的原型以及瞎子算命的祖师等。

忍饥避祸得义名——列子

战国时期的列子是道家学派的代表人物，他先跟随壶丘子学道，后又师从老商氏，并与伯高子为友。传说列子修道九年之后，即能"御风而行"。在今天看来这有点玄虚，但列子在个人素质上的确是有很高的修为的。

列子曾在郑国隐居四十余年，修身养性，过着远离世俗的隐居生活。在此期间，他生活穷困潦倒，常常食不果腹，脸上常有饥寒之色。有一位别的国家使者在郑国见到列子后，对他的生活窘困状况十分吃惊，之后这位使者在见到郑国的相国子阳后说："列子是闻名天下的有道之士，居住在贵国这么长时间，生活却这么穷困，作为相国，你难道不知道这件事情吗？这样的做法恐怕要被人耻笑了。"子阳听后忙问左右侍从，才知道郑国有列子这样一个人，而且生活确实十分穷困，于是就让手下的官员给列子送去了数十车粟米。

听说相国子阳派人送来了粮食，列子赶紧出来迎接。为列子送粮的官员说："相国听说你的生活很窘困，特意让我给你送来粮食，帮助你解决生活中的困难。"

列子说道："相国的心意我领了，但是我隐居于此，没有为郑国作一点贡献，没有一点的功劳，我怎么可以接受相国的恩赐呢？还是请收回吧。"面对送粮的官员，列子再三拜谢相国的恩典，但是却始终不肯接受官员送来的粮食，无奈送粮的官员只好作罢，并把此事禀报相国子阳。

送粮的官吏走后，列子的妻子抱怨他说："我听说有道之人的妻子和儿女都可以过饱足安逸的生活，但是现在我和孩子们却连最起码的温饱都不能解决。你也知道，很久以来我们几乎没有什么可以吃的，每天靠一点点稀粥充饥，为什么今天相国派使者送来的粮食你不接受呢？相国子阳知道他以前慢待了你，但是现在他特意派人送来粮食，证明他认识到了以前的错误，你应该接受才对，这样我们也可以渡过难关，不至于每天忍受饥馑之苦啊！"

听完妻子的活，列子也感到很无奈，妻子说的话是事实而且也不无道理，但是列子拒收相国的馈赠也是不无理由的。于是他和颜悦色地对妻子解释说："你说的这些我都想过了，这些年来忍饥挨饿，确实让你们受委屈了。但是你知道吗，相国子阳对我并不了解，他只是听了别人的话才给我送来了粮食，今天他可以因为别人赞扬我的话给我送来粮食，明天他也可以因为别人的谗言而拿我问罪，这样的人送来的东西我能接受吗？我这样做是为了洁身自保，以防将来的不测啊。"听了列子的话，妻子也默默无语。

后来，相国子阳因多行不义，在郑国很不得人心，百姓忍无可忍就起来造反，子阳在混乱中被百姓杀死了，其追随者也多受牵连。列子由于很早就和子阳划清了界限，因此没有受到别人的怀疑。别人听说这件事后，也都夸列子知大义。

大摆火牛阵——田单

战国时，燕国联合秦、楚、韩、赵、魏5国大举攻齐，燕国大将乐毅攻破了齐都临淄，齐王被杀，齐国除莒和即墨外，其余城池都被燕占领。

田单被推举为即墨的守将。他先用反间计除去燕国大将乐毅，随后，又以重金作为礼物，让即墨的财主去送给燕军将领，并告诉他们："即墨快投降了，大军进城以后，请保全我们的家小。"燕将一见这么多的黄金，就满口答应下来。燕军都认为即墨即将投降，于是放松了对即墨的包围和监视。

就在这时，田单把城里的1000多头牛集中起来，用画有彩色龙纹的大红绸披在牛身上，又在牛角上绑上锋利的尖刀，把牛尾巴上都扎上浸透油脂的芦苇。然后他叫人预先在城墙根凿了几十个洞，趁着黑夜用火点燃牛尾巴上的芦苇，把火牛放出去，5000名服饰怪异、扮成天兵的精壮士兵紧跟在火牛后面。即墨城内齐军擂起战鼓，尾上着了火的牛，疯狂地冲向燕军的营地。燕军在黑夜里毫无防备，只听到鼓声隆隆，眼见红光一片，杀声震天，只得仓皇应战。

在浓烟和火光中，燕军看见大批"怪物"身上长着像龙一样的斑纹，头长尖刀，身后一团烈火，猛冲过来。火牛所到之处，燕军非死即伤，都吓得魂飞魄散。齐军的5000壮士趁机掩杀过去，猛击敌人，即墨百姓也大声呐喊，紧随而上。燕军不知所措，以为遇到了天兵天将，四处奔逃，溃不成军。齐军乘胜反攻，不久就将燕军赶出了国境。

苦读终成伶俐齿，机敏敢做六国相——苏秦

苏秦是战国时代人，人很聪明，有才智，善于游说诸侯，是当时著名的"说客"。

他刚开始外出游说的时候，一连几年没取得什么成就，只好回家。家里人见他落魄而归，就嘲笑他说："在外混了几年，也没混出个名堂来，整天东说西劝，好像天底下就你一个人有本事，你要是都看出了怎么治国，那别人早就看出来了，人家会比你笨？就好像你说的办法真能治理好天下似的。还是先治理治理你自己吧。穷成那样，赶快找个正事儿，挣点钱吧。"

苏秦听了家人的这些话，既惭愧，又伤心，发誓一定要以游说博取功名，成就一番事业。

从此，他闭门苦读，每当读书读得昏昏欲睡时，就用锥子扎大腿。为了掌握说服人的技巧，他读遍了能弄到的所有书籍，对重点书籍还要重点地钻研，以求掌握精髓。一年后，苏秦终于悟出了许多揣摩国君心理的诀窍，再也抑制不住激动的心情，兴奋地对家人说："我凭着这些本事，可以游说各国君主了，一定能改变当今天下的局面。"

苏秦再次离开家乡，到各国去游说。

当时，天下主要有秦、齐、燕、楚、韩、赵、魏七个国家，其中秦国势力最大，大有吞并六国之势。六国不仅国势弱小，还各揣心腹事，各自为战。这样的形势，十分有利于秦国各个击破，直至全部消灭。苏秦对此看得十分清楚，他打算联合六国的弱势为一强势，共同

抵抗秦国。

他首先到燕国，对燕文侯说：

"燕国是个好地方，百姓安居乐业，长时期没有战争，更看不到尸横遍野的悲惨景象。大王您知道这是为什么吗？"

燕文侯摇了摇头。

"现在秦国势力最强大，它对谁都虎视眈眈，更没把燕国放在眼里，如果单论实力，秦国吞并燕国是不在话下的。现在秦国还没有攻燕，是因为秦燕之间有一个赵国隔着。秦、赵两国已经交战 5 次，赵国都抵挡住了，所以秦国不可能越赵打燕。"苏秦说道。

"那么我们燕国便没事了？"燕文侯问道。

"当然不是没事，虽然秦国不能越赵打燕，但燕国仍然有危险，这危险主要来自于赵国。如果赵国想要打燕国，恐怕用不了几天的时间，就会攻到燕国的都城。"

"那么我们燕国该怎么办呢？"

"现在最好的办法就是与赵国结盟，使两国的力量合在一起。赵国由于和燕国结盟而增加了力量，秦国就不敢动它了，而赵国也明白它之所以能与秦国抗衡，是由于燕国的存在，所以赵国也不敢与你们为敌。"

"你的话有道理，但是我的国家很弱小，东边又有齐国的威胁，你如果能让燕国平安无事，我愿意让你做相国，把整个燕国托付给你。"

"大王您放心，我会尽力去做的。"

随后，苏秦就带着燕文侯给他的车马和金银等物，成功地说服了赵国。接着，他又游说了韩、魏、齐三国，使它们也加入了抗秦的行列。最后，他到楚国，游说楚王，希望楚国也能加盟。

他对楚王说："楚国是天下强国，楚王是天下明君，这是您楚王称霸天下的有利条件。如果您放弃这些，臣服于秦国，我认为是不值得的。"

未等楚王说话，苏秦便又继续说道："秦国最大的敌人莫过于楚国。楚国强大，秦国就弱小；秦国强大，楚国就弱小。双方矛盾尖锐，不能同时并存。所以，我看您不如与其他国家联合，迫使秦国孤立。如果您与大家联合，秦国就不敢攻楚国。如果您不与大家联合，那么，秦国必首先攻打楚国，因为其他国家已经联合了，秦国不会轻易动手。这种形势恐怕大王您已经看得很清楚了。"

楚王说："你说得很对，我也在考虑这事儿。我国西面与秦国相接，秦国亡我之心不死。我们原想和秦国签订和约，但是秦国这样的虎狼之国是靠不住的。"楚王顿了顿，继续说："我认为单凭楚国的力量去抵挡秦国，不一定能取得胜利。现在你既然要联合天下，团结诸侯，变弱势为强势。我愿意听从你的意见与他国联盟。"

苏秦以他的远见卓识和善辩之才，促成六国的联盟，苏秦做了联盟长，同时兼任六个国家的相国。

苏秦将此事通告了秦国。秦国十分害怕，在以后长达 15 年的时间里，没敢对外动兵，这不能不说是苏秦的功劳。

厚待侯嬴，破秦救赵——信陵君

战国时期的魏公子无忌是魏昭王的小儿子，魏安釐王的异母弟弟。昭王去世后，安釐王继位，封无忌为信陵君。

公子为人仁爱而尊重士人，士人无论是才能高的还是低的，他都谦逊而礼貌地结交，不敢以自己的富贵身份慢待士人。几千里内的士人都争着归附他，招来食客竟达 3000 人。这时候，诸侯由于公子的贤能，又有很多食客，十几年不敢兴兵谋取魏国。

魏国有个隐士名叫侯嬴，70 岁了，家境贫寒，是大梁夷门的守门人。信陵君听说这个人极具智慧而且很讲信义，便前往邀请，想送他厚礼。侯嬴不肯接受，说："我几十年重视操守品行，终究不应因做守门人贫困而接受公子的钱财。"

信陵君于是摆酒大宴宾客，大家就座之后，信陵君却带着车马，空出左边的座位，亲自去迎接夷门的侯嬴。侯嬴便撩起破旧的衣服，径直登上车，坐在左边的上位，并不谦让。

信陵君手执辔头，愈加恭敬。侯嬴又对信陵君说："我有个朋友在街市的肉铺里，希望委屈您的车马顺路拜访他。"信陵君便驾着车马进入街市，侯嬴下车拜见他的朋友朱亥，故意久久地站着与朋友闲谈，暗中观察信陵君的表情，却发现信陵君的脸色更加温和。

这时，魏国的将相、宗室等宾客坐满了信陵君的厅堂等待开宴。街市上人们都观看信陵君手拿着辔头，随从的人都偷偷地骂侯嬴。侯嬴观察信陵君的脸色始终没有变化，才辞别朋友上车。

到信陵君家中，他引侯嬴坐在上座，把宾客一个个介绍给他，宾客们都很惊讶。酒兴正浓的时候，信陵君起身到侯嬴面前祝酒。侯嬴便对公子说："我本是夷门的守门人，公子却亲身委屈车马去迎接我，在大庭广众之下，我本不应该有过访朋友的事情，现在公子却特意地同我去访问朋友。然而我正是为了成就公子的名声，才故意使公子的车马久久地站在街市里，借访问朋友来观察公子，而公子的态度却愈加恭敬。街市的人都以为侯嬴是个小人，而以为公子是个宽厚的人，能谦恭地对待士人。这就够了！"于是酒宴结束，侯嬴便成为上等宾客。

宴后，侯嬴又对信陵君说："我访问的屠者朱亥是个贤能的人，世人不了解他，所以才隐居在屠市之中。"信陵君便去拜访朱亥，多次请他，但朱亥故意不回拜，信陵君感到很奇怪。

这个时期，秦赵两国军队交战，赵国军队在长平惨败于秦军，秦军进伐赵国国都邯郸，赵国形势危急，便求救于楚国和魏国，两国也接受了赵国求援的要求，魏安釐王更派大将晋鄙率兵救赵国。

秦昭襄王一听到魏、楚两国发兵，亲自跑到邯郸去督战。他派人对魏安釐王说："邯郸早晚得被秦国打下来。谁敢去救，等我灭了赵国，就攻打谁。"魏安釐王被吓唬住了，连忙派人去追晋鄙，叫他就地安营，别再进兵。晋鄙就把10万兵马扎在邺城（今河北临漳县西南），按兵不动。

赵孝成王听说后十分着急，叫平原君给魏国公子信陵君魏无忌写信求救。因为平原君的夫人是信陵君的姐姐，两家是亲戚。

信陵君接到信，三番五次地央告魏安釐王命令晋鄙进兵。魏王说什么也不答应。信陵君没有办法，对门客说："大王不愿意进兵，我决定自己上赵国去，要死也跟他们死在一起。"

当时，不少门客愿意跟信陵君一起去，信陵君跟侯嬴去告别。侯嬴说："你们这样上赵国去打秦兵，就像把一块肥肉扔到饿虎嘴边，不是白白去送死吗？"

信陵君叹息着说："我也知道没有什么用处。可是又有什么办法呢？"

侯嬴支开了旁人，对信陵君说："咱们大王宫里有个最宠爱的如姬，对不对？"

信陵君点头说："对！"

侯嬴接着说："听说兵符藏在大王的卧室里，只有如姬能把它拿到手。当初如姬的父亲被人害死，她要求大王给她寻找那个仇人，找了三年都没有找到。后来还是公子叫门客找到那仇人，替如姬报了仇。如姬为了这件事非常感激公子。如果公子请如姬把兵符盗出来，如姬一定会答应。公子拿到了兵符，去接管晋鄙的兵权，就能带兵和秦国作战。这比空手去送死不是强多了吗？"

信陵君听了如梦初醒，他马上派人去跟如姬商量，如姬一口答应。当天午夜，乘着魏王熟睡的时候，如姬果然把兵符盗了出来，交给一个心腹，送到信陵君那儿。

信陵君拿到兵符，赶紧向侯嬴告别。侯嬴说："将在外，君命有所不受。万一晋鄙接到兵符，不把兵权交给公子，您打算怎么办？"

信陵君一愣，皱着眉头答不出来。

侯嬴说："我已经给公子考虑好了，我的朋友朱亥是魏国数一数二的大力士，公子可以带他去。到那时候，要是晋鄙能痛痛快快地把兵权交出来最好；要是他推三阻四，就让朱亥来对付他。"

信陵君非常感激侯嬴，便想让他一起去，但侯嬴说："我年纪大了，不能随你前往，我将估算你到达晋鄙军营的时间，并以死明志。"

信陵君听了说不出话来，便带着朱亥和门客到了邺城，见了晋鄙。他假传魏王的命令，要晋鄙交出兵权。晋鄙验过兵符，仍旧有点怀疑，说："这是军机大事，我还要再奏明大王，才能够照办。"

晋鄙的话音刚落，站在信陵君身后的朱亥大喝一声："你不听大王命令，想反叛吗?"不由晋鄙分说，朱亥就从袖子里拿出一个40斤重的大铁锥，向晋鄙劈头盖脑砸过去，结果了晋鄙的性命。

信陵君拿着兵符，对将士宣布一道命令："父子都在军中的，父亲可以回去；兄弟都在军中的，哥哥可以回去；独子没兄弟的，都回去照顾父母；其余的人都跟我一起救赵国。"

当下信陵君就选了8万精兵去救邯郸。他亲自指挥将士向秦国的兵营冲杀。秦军没防备魏国的军队会突然进攻，手忙脚乱地抵抗了一阵，渐渐支持不住了。而邯郸城里的平原君见魏国救兵来到，也带着赵国的军队杀出来。两下一夹攻，打得秦军落荒而逃。

信陵君救了邯郸，保全了赵国。赵孝成王和平原君十分感激，亲自到城外迎接他。

楚国春申君带领的救赵的军队，还在武关观望，听到秦国打了败仗，邯郸解了围，就带兵回楚国去了。

诗人政治家——屈原

屈原是战国时代楚国的大臣，博学多才，能言善写，热爱国家，积极为楚国献计献策。一生写下了许多忧国忧民的诗篇，至今仍然流传。

在战国的 7 个国家中，秦国势力最大，经常对外发动战争，企图吞并其他 6 国。这 6 国人人自危，纷纷采取办法保全自己。

屈原自然十分关心楚国的前途，他深知，如果秦国入侵，楚国光靠自己的力量是抵挡不住的。只有和其他国家结成联盟，才能与秦国抗衡。于是，他向楚王提出了与北方大国齐国联盟的建议。怎奈楚王鼠目寸光，虽然采纳了屈原的建议，却没能坚持到底。结果，给秦国造成了可乘之机，使楚国几乎遭到灭顶之灾。

屈 原

当时，秦王想攻打齐国，但怕楚国出兵干预，就派了一个叫张仪的人带着厚礼，去离间齐楚的关系。

张仪来到楚国后，对楚王说："秦楚两国往日无冤，近日无仇，应该结成友好才是。我们秦国只是痛恨齐国，并未动过楚国的念头。现在只要大王答应和齐国断交，秦国愿割地 600 里给大王，以表诚意。"贪图小利的楚王，居然相信了张仪，不顾屈原的反对，坚决和齐国断了交。可是当他派人去秦国接受土地的时候，张仪却抵赖说："我只有 6 里地，没记得答应过什么 600 里地。"

楚王听了这话，方知上了大当，气得要命，不顾一切地下令攻打秦国。可是楚国哪里是秦国的对手，连吃败仗，损兵折将不说，还丢失了大片土地。楚王后悔没有坚持屈原的建议，急忙把他召来，派他出使齐国，看看还能不能和齐国重新和好。

秦国听说屈原到了齐国，很害怕。他们知道屈原是一个有才华的人，一定会说服齐国，到那时齐楚重新联合起来，可就不好办了。于是，秦国赶忙答应归还楚国的土地，还表示要与楚国和好。楚王说："土地我就不要了，既然两国要和好，我也就不那么求真了，但张仪那个大骗子一定要交给我处理。"秦国没办法，只好把张仪交给了楚国。

张仪很狡猾，用厚礼拉拢与楚王亲近的小人，让他们在楚王面前说情。这一招果然见效，楚王不但饶了张仪的命，还立即与秦国签约和好，屈原从齐国回来后，力劝楚王杀了张仪。张仪见势不好，乘楚王犹豫之际，偷偷地溜走了，等楚王醒悟过来，已经来不及了。

由于楚王反复无常，所以一直没能和齐国真正结盟，致使秦国多次乘机攻打楚国。后来秦王给楚王写了封信，约他到武关会面，说要与楚国签订友好和约。屈原早已看出秦王的真正用意，便对楚王说："秦国是虎狼之国，不可轻信，此中必定有诈，千万去不得。"楚王的小儿子子兰却说："这是一件好事，为什么要拒绝秦国的好意呢？"楚王听信了儿子的话，不顾屈原的一再劝阻，去了武关。结果被秦国扣押起来，后来便死在秦国。

这事对楚国震动很大，屈原为此写了篇《招魂》，以表达楚人的悲愤之情。子兰看后，非常生气，生怕引起楚人对他的不满。于是和奸臣一起，经常在继任的新楚王面前说屈原的坏话。新楚王听信了他们的谣言，下令把屈原流放到偏远的地方。

屈原一心报国，却遭到了这样的下场，既生气又失望，更为楚国的前途担忧。到了流放地后，整天在汨罗江边徘徊，吟诵忧国忧民的诗歌。

一天，有位渔父问屈原："这不是屈原大夫吗，怎么落到这种地步？"

"我不能和奸臣同流合污，他们把我流放到了这里。"屈原答道。

"那么，您和他们一样，不就没事儿了吗？"

"我听人家说，刚洗过澡的人总要抖抖衣服上的尘土。我是个爱干净的人，宁可跳江喂鱼也不愿与那些人为伍。"

"唉，说得也是。不过还望屈大夫能够多多保重，为将来着想。"渔父说罢便干自己的活去了。当地的百姓知道屈原的情况，非常同情他。

后来，秦国再次大举进攻楚国，楚军连连败退，楚王也逃离了国都。眼看国破家亡，自己却无能为力，屈原彻底绝望了。在阴历五月初五那天，投了汨罗江。百姓们纷纷划船打捞，始终没捞到。大家非常伤心，便把米撒在江里喂鱼，好不让鱼去吃屈原的身体。

以后每年阴历五月初五，当地的百姓都要到江边悼念屈原。久而久之，传统的节日——端午节便形成了。

德谋兼备，一代名臣——蔺相如

战国时的七个国家，你攻我打，斗争激烈。赵国经常受西方秦国和东方齐国的欺侮。赵国有个文臣叫蔺相如，在维护赵国尊严方面，起了很大的作用，当时没有不知道他的。

蔺相如起初地位很低，给一位大官做私人谋士，人很聪明，有智谋。这位大官曾经与燕国国王有过一次交往。有一次，他犯了错误，想离开赵国，投奔燕国。蔺相如劝阻他，对他说："现在赵国比燕国强大，您受赵王重用，所以燕王看重您；如果您离开赵国，燕王怕赵国，不但不敢留您，还要把您送回赵国。您不如主动向赵王请罪，赵王会赦免您的。"这位大官听了蔺相如的劝告，果然得到宽大处理。

后来，赵王得到一块楚国出产的玉，名叫"和氏璧"，是一件非常珍贵的宝物。秦国国王知道了，派人送信来，表示愿意用15座城换"和氏璧"。换不换呢？赵王很为难。换吧，怕秦王得到"和氏璧"而不给15座城；不换吧，又怕秦王派兵来攻打。拿不定主意，想要派人去秦国交涉，一时找不到合适的人选。这时那位大官就把蔺相如推荐给赵王。

赵王召见蔺相如，问他："秦王想用15座城换我的璧，你说答应还是不答应？"蔺相如回答说："秦国比我们赵国强大，不答应不行。"赵王又问："秦王得到我的璧，不给我城，怎么办？"蔺相如又回答说："我们不答应换璧，我们理亏。他们不给我们城，他们理亏。"赵王认为他说得对，但表示找不到合适的人去完成这个任务。蔺相如说："如果您实在找不到人，我愿意带着璧到秦国去。璧留在秦国，一定换回城来；秦国若不给城，我一定完璧归赵。"赵王于是派蔺相如带着璧到秦国去。

秦王接见了蔺相如，蔺相如把璧交给秦王。秦王高兴极了，把璧传给宫女和左右近臣们看，态度很不严肃。蔺相如看出秦王根本没有给城的意思，就走上前去对秦王说："这璧上有一点毛病，让我指给您看。"秦王信以为真，把璧还给蔺相如，蔺相如接过璧，退几步，倚柱而立，气得怒发冲冠，对秦王说："您派人送信给赵王，要璧，赵王征求大臣们意见，大家都认为秦国贪心，依仗自己的强大，给城是假，求璧是真，恐怕得不到城，决定不给您璧。我认为不然，老百姓交朋友还讲究信义，何况大国呢！况且由于一块璧的小事而惹强大的秦国不高兴，不值得。于是赵王斋戒五天，派我带着璧拿着信来了。这是表示我们对秦国的尊敬。现在，您非常傲慢，竟把璧给宫女们传看，这是戏弄我。我发现您并不想给赵国城，所以我把璧要回来。您要逼迫我，我就让我的脑袋和这块璧在柱子上碰个粉碎。"蔺相如说着就斜视柱子，摆出用璧击柱的样子。

秦王见此，怕璧真的被击碎，到手的宝物又失掉，就表示道歉，请求蔺相如千万别这么干。又叫人把地图打开，在图上指定15座城给赵国。蔺相如心中明白，这是假意，秦王是不会给赵国城的。就想出一个理由以拖延时间，乘机逃走。他对秦王说："和氏璧是天下共传的宝物。您想要，赵王不敢不献出来。赵王对此事很认真，送璧之前曾斋戒五天，现在您也应当斋戒五天，把宫里的重要礼器摆设出来，我才敢把璧交给您。"秦王心想，这璧毕竟不可强夺，就答应斋戒五天，并安排蔺相如住下。蔺相如心里也明白，秦王虽答应斋戒五天，最后还是得到璧而不给城。就让他的随从人员换上普通老百姓的衣服，怀揣和氏璧，抄直道逃回赵国。

秦王斋戒五天之后，在宫里摆好了一切礼器，请蔺相如来正式献璧。蔺相如到了，对秦王说："你们秦国自建国以来，20多位国王，没有一位说话算数。我实在怕受您的欺骗而辜负赵王，所以已经派人把璧送回赵国了。秦国强，赵国弱，您派一名使者到赵国，赵国就立刻把璧送来。现在以你们秦国之强大而先割15座城给赵，赵国怎敢得城而不献璧给秦国呢！我知道我欺骗了大王您，罪该杀头，请您把我扔进热锅里煮了吧。"秦王和大臣们很吃惊。有人主张放蔺相如回去，秦王顺势说："现在看来，璧是肯定得不到了。杀了他，必然破坏我们同赵国的关系，不如放他回去，赵王怎能因为一块璧的事情而恼怒我们呢！"于是蔺相如以外交使节的身份堂堂正正地回到了赵国。

蔺相如以自己的机智和勇敢，出色地完成了使命，受到赵王的赏识，被任为上大夫。结果秦不给赵城，赵也不给秦璧。秦王想白白得璧的打算终未能得逞。

此后，秦国曾两次攻打赵国，杀了两万人。有一次，秦王忽然派人来说，他想同赵王和好，要在渑池会见赵王。赵王赴会，蔺相如陪同。在渑池相会时，秦王酒喝到了份儿，借着酒劲说："我听说赵王爱好音乐，请赵王奏瑟听听。"赵王弹起瑟来。这时秦国的一位官员走上前来做了记录："某年某月某日，秦王与赵王喝酒，命令赵王鼓瑟。"赵王显然受到了侮辱。这时蔺相如对秦王说："赵王听说秦王擅长秦国音乐，请秦王击瓦盆，以便让大家都快活一下。"秦王大怒，蔺相如端着瓦盆，跪在秦王面前。秦王不肯击瓦盆，蔺相如说："大王若不击瓦盆，我五步之内就要血溅大王了。"秦王一气之下，顺手打了一下瓦盆。蔺相如立即让赵国史官做了记录："某年某月某日，秦王为赵王击瓦盆。"为赵王争回了面子。秦国的大臣不甘心，又要求赵王用15座城为秦王祝酒。蔺相如针锋相对，毫不示弱，也要求秦王以国都咸阳为赵王祝酒。整个宴会，秦王未能占到一点便宜。赵国在边境上驻了兵，严阵以待，秦国没敢采取行动。

这件事，蔺相如又为赵国立了大功。赵王任命他为上卿，地位在大将军廉颇之上。廉颇是为赵国立过许多战功的武将，地位很高，名气也很大，现在蔺相如一下子地位高过了他，他不服气，而且有一种耻辱的感觉，扬言要羞辱蔺相如一顿。

蔺相如听说了，有意躲着廉颇，不与他见面。路上遇上廉颇，就叫车夫把车赶到一边去。蔺相如手下的谋士们见此情景，心中十分不快，纷纷给蔺相如提意见，他们都说："我们丢开家里亲人，来您这儿做事，是仰慕您高贵的品格，现在您的官不比廉颇小，他私下出恶言恶语伤害您，您却故意躲着他，怕得要命。普通人也要觉得羞耻，何况您是堂堂一国之相！我们无能，我们要走了。"蔺相如诚恳地挽留他们，说："你们看廉颇与秦王相比，哪个厉害？"他们说："廉颇当然比不上秦王。"蔺相如这才讲了心里话："秦王那么大的威风，我蔺相如敢当面斥责他，又羞辱他的大臣，我虽然愚鲁，难道就怕一个廉颇将军？我是考虑，强秦之所以不敢攻打赵国，就因为赵国有我们二人在。如果我和廉将军二虎相斗，势必两败俱伤。我之所以躲着他，是把国家的利益放在第一位，个人的私仇放在第二位。"廉颇是个直性子的人，听说蔺相如说了这番话，非常感动，到蔺相如家登门谢罪，说："我是个小人，不知道您的宽宏大度。"从此二人建立了深厚的友情，成为刎颈之交。

　　廉颇与蔺相如这段感人的故事由司马迁写入《史记》，并成为两千多年来流传不衰的佳话。中国京戏中那出叫做《将相和》的优秀传统剧目，演的就是他们的故事。

西楚霸王的谋士——范增

由于秦二世的暴政，民怨沸腾，各地反秦起义队伍不断涌现。楚人项羽领导的农民起义军，是其中重要的一支。为了适应反秦斗争的需要，项羽在薛地（今山东滕县南）召集各路起义将领，举行会议，共商反秦大计。

有一位叫范增的智者，不顾自己古稀高龄，毅然走出家门，赶到薛地，投奔项羽的起义队伍，开始了他的谋士生涯。

在薛地，范增见到项羽，向他分析天下的形势，提出自己的看法。他对项羽说："许多反秦队伍，纷纷失败，原因就在于他们没有一位有身份的人做首领，无法使人相信他们会取代秦王朝。"项羽不解地问道："那是为什么呢？"范增答道："道理很简单。人们都认为能得天下的，必定是君王的后代。普通人做头儿，无论怎样奋争，人们也不会信赖。当初秦灭六国，楚最无罪，至今楚人仍怀念楚国，人们都说亡秦者必楚。陈胜没有立楚人，而自立为王，所以失败。现在，许多人投奔你，就因为你是楚国将门之后，能够立楚王之后为王，光复楚国的江山。"

项羽听罢，连连点头称是。乃拥立楚王的后代熊心为王，号称楚怀王。这样，项羽领导的起义军就有了一个正统的名义，在与秦军的斗争中连连取胜。巨鹿一战，活捉秦朝大将王离，招降数十万秦兵，为秦朝的灭亡奠定了基础。

在各路反秦起义军中，除项羽外，还有一支农民起义军逐渐显露出来，这就是刘邦领导的义军。两军构成了对立之势，都有消灭对方、独霸天下的雄心。

范增对当时的形势看得很清楚。

他对项羽说："刘邦本是个贪财好利的家伙，现在势力强大起来，却不为财利所动，可见他志不在小，有取天下之心。大王欲图大事，务必先除掉此人，以除后患。"项羽犹疑不定，范增又利用当时流行的迷信说法，进一步劝说道："我派人观察刘邦的气脉了，如同龙虎一般，呈五彩之色，这是天子的征兆。要消灭他，可得快点，晚了恐怕来不及。"项羽这才下决心，采纳了范增的意见。

经过范增的策划，目的在杀掉刘邦的"鸿门宴"便摆了出来。

在鸿门宴上，范增屡次示意项羽杀刘邦，项羽却没有动静。范增见情形不对，便对武将项庄说："大王为人心肠太软，不忍亲自下手，你以舞剑为名，去刺杀刘邦。刘邦这人，非除掉不可。"

项庄遵照范增的指示，先向刘邦敬酒，敬完酒，又说道："我们大王和您饮酒，没有什么可乐的事，请让我舞剑，为大家助兴。"于是项庄拔剑起舞。刘邦手下的大将项伯看出项庄的用意，也拔剑起舞，保护刘邦。项庄终于没能得手。事后，范增痛心地说："夺取天下的一定是刘邦，我们这些人都将成为刘邦的俘虏。"

过了一段时间，项羽和刘邦的斗争到了生死存亡的关头。就在这个时候，刘邦的军队受困，粮草短缺。刘邦请求和解，项羽想答应刘邦的请求。范增认为这是一个难得的机会，就向项羽建议道："刘邦现在是最弱的时候，千万不要同他讲和，要坚决消灭他。"自负的项羽没有听从范增的建议，却中了刘邦的反间计，疏远了范增。

范增见大势已去，自己又遭怀疑，就提出告老还乡的请求，对项羽说："请看在我年老体弱的份上，让我回家养老吧，大王多多保重。"范增怀着忧愤之情，拖着年迈的身躯，踏上回乡之路，不幸病死在路上。

乱世智囊，治世贤相——陈平

陈平父母早亡，他是在哥哥照顾下长大的。成年后的陈平，身材魁梧，气宇轩昂，很有大将风度。但是，因家境贫寒，没有人愿意把姑娘嫁给他。

说来也巧，有一次，他帮人家料理丧事，当地一个大富户看中了他，执意要把孙女嫁给他。可是这大富户的儿子反对这门亲事，嫌陈平家境太差，姑娘嫁过去会遭罪。可大富户认为："陈平天资过人，仪表堂堂，是个可成大事的人，不会永远贫困下去。"

陈平结婚后，日子渐渐好转。常常给乡亲们出主意、订策略、排解纠纷什么的，名望也提高了。乡里每年举行祭祀活动，都要请他分割祭肉。

当时人们把用作祭祀的肉，在仪式结束后，再平均分给参加祭祀的人。大家都很看重分得的那块祭肉，都希望分割祭肉的人，割肉能公平合理，不偏不倚。乡亲们称赞陈平分得公道，他说："如果让我主持天下大事，我也会像分祭肉一样公道。"

陈平的青年时期，正是秦末农民起义风起云涌的时代。胸怀大志的他，几经周折，投奔到汉王刘邦的帐下，开始了他的谋士生涯。

当时汉王刘邦正和霸王项羽争夺天下，史称"楚汉相争"。霸王项羽采用谋士范增的计策，将刘邦困在荥阳城，刘邦终日愁眉不展。

陈平知道刘邦的心事，就献计说："大王不必过分忧虑，依我之见，项羽手下只有那么几个人，如果项羽离开了这几个人，也就不会有所作为了。希望大王给我几万两黄金，让我用反间之计，离间项羽和他的谋士，然后大王再寻机出去。此事一定会成功的。"

刘邦非常高兴，立即让人从库府里拿出数万两黄金供陈平使用。

经过陈平的精心策划，没过多长时间，项羽的营里就传出了几位主要谋士欲自立山头的消息。项羽和他们日趋疏远，甚至将范增等人逼出了军营。

陈平成功地离间了项羽和他的谋士的关系。接着，又让3000妇女从荥阳城东门逃走，以分散项羽军队的注意力，自己则和一些大将保护刘邦从荥阳西门杀出，逃脱围困。

汉朝建立时，陈平因功被封为侯。

汉文帝即位后，陈平和周勃二人以宰相身份共同执政。汉文帝是有作为的皇帝，经常思考治国的大事，不时与宰相商议。

有一天，文帝问周勃："全国一年审理的案子有多少？"

周勃支吾半天说不上来，文帝很不高兴，接着问旁边的陈平。

陈平回答说："皇上若想知道详细情况，可以问主管这事的人。"

文帝一听这话，生气地说："既然什么事都找主管的人，要你们干什么？"

陈平见皇帝发怒，赶紧跪下说："皇上您不了解具体情况。作为宰相，我们在上帮助皇上，协调各项政务，号召百姓积极从事农桑；在下，注意万物生长，敦促各行业人员竭尽其力；在外，镇守边疆，安抚各方诸侯；在内，亲近百姓，使各级官吏效忠皇上。"

文帝听完，脸上露出笑容，说道："我知道你们的职责了。"

此事使周勃深感治国不如陈平，就上奏皇帝辞了职。从此，便由陈平一人担任相职，帮助文帝治理国家。

亲情难却忠臣胆——晁错

晁错是西汉初期人，以为人正直、敢作敢为著称。官至主管国家司法的御史大夫。

西汉建立，天下控制在刘姓皇帝手里。为了巩固统治，汉朝实行了分封制，把众多的皇子及与皇帝同姓亲属安置在全国各地，作当地的"王"，叫做"诸侯王"，其爵位可由子孙承袭。

这一做法，开始确实起到了巩固政权的作用。这些诸侯王拥有大块封地，享有征收赋税、铸造钱币的特权，随着时间的推移，他们的势力不断增大。到汉景帝时，诸侯王的势力已经对中央政权构成了严重威胁，大有与皇帝平起平坐之势。

作为御史大夫的晁错，早已发现诸侯王存在的潜在危险，就向汉景帝提出削夺诸侯王封地、限制诸侯王势力、加强中央权力的建议。他指出，已经有几个诸侯王的封地，占有半个天下的地盘了，如果再不削夺，势必出现与中央对抗、不听指挥，甚至反叛朝廷的局面。

晁错建议皇帝及早采取措施，他说："无论削夺不削夺诸侯王的封地，他们势力一大，总是要造反的。早采取措施，他们造反，祸患就小；晚采取措施，他们造反，祸患就大。"

晁错的主张，在朝廷上下引起了极大震动。他父亲听说后，急忙从老家赶到京城，对晁错说："你不可胡来，要知道，诸侯王都是皇帝至亲，姓的全是刘。你现在却要削夺诸侯王的封地，这不是在挑拨皇帝与亲属的关系吗？弄得人家骨肉疏远，谁能说你好？你还是算了吧。"

晁错见父亲不理解，便对父亲解释说："我不这样做，天下就会出大乱子，国家就有灭亡的危险。请父亲理解我。"

父亲仍然不让步，坚决制止他说："你这样做，国家倒是没危险了，咱晁家可就有危险了，不仅你自己的命难保，全家都要跟着遭殃。你就看着办吧。"说完，就气乎乎地走了。回家后，仍不见晁错改变主意，一气之下，便服毒自尽了。

父亲的死，也没有动摇晁错削夺诸侯王封地的决心。汉景帝采纳他的建议后，他更加积极起来，筹划具体措施。

朝廷真的要削夺诸侯封地的消息一经传出，以吴王刘濞为首的七个诸侯王，便以清除皇帝身边的晁错为借口，联合起兵，企图夺取天下，发动了历史上有名的"七国之乱"。

晁错为官，以国家利益为重，不计较个人得失。他嫉恶如仇，在朝廷中得罪了不少人。有一位名叫袁盎的大臣，为人奸诈，多次接受刘濞的贿赂，常常在皇帝面前替刘濞说话，包庇刘濞。晁错因此很瞧不起他。无论什么场合，只要袁盎出现，他就立即离去，从不与袁盎说话，这就招惹了袁盎的嫉恨。

晁错提出建议后，皇帝曾让大臣讨论。皇太后的亲戚窦婴坚决反对，为了国家的利益，晁错不顾窦婴后台有多硬，在大殿上就同窦婴争论起来，于是又与窦婴结下了怨仇。

由于刚直不阿的性格，晁错在不知不觉中为自己树下了许多政敌。这些人对他恨之入骨，时时寻机打击他。

"七国之乱"爆发后，袁盎、窦婴等人见时机已到，便密谋除掉晁错。

有一天，皇帝问袁盎："以前你总说刘濞好，现在他却反叛了，这事你还怎么说？"袁盎连忙解释说："皇上，刘濞起兵是不对，可这不能怪他呀，这完全是晁错造成的。本来大家相安无事，全都听皇上您的调遣，谁也没说个不字。可晁错自认为了不起，总觉得自己比别人强，硬说人家封地太大，有造反的可能，这不是胡说八道嘛。他晁错说说也就罢了，可是他付诸行动，把人家给逼反了。我看只要杀了晁错，赦免刘濞起兵之罪，恢复他的封地，这乱子也就平息了。"

皇帝听了袁盎的话，沉默片刻，说道："这事儿没你说的那么简单，加强中央权力，削弱地方势力，这是关系到国家生死存亡的大计，此事早晚都要做。不过现在朝廷力量还有限，一时很难对付这些诸侯的反叛。当务之急是平定反叛，稳定人心。不过，你说去掉晁错就可以平叛，这话我看还是有道理的，现在也顾不了许多了，杀了晁错以谢天下吧。"

袁盎等人得到皇帝杀晁错的批准，欣喜若狂，马上就用残酷的腰斩之刑处死了晁错。

杀了晁错后，皇帝问一位从前线回来的军官："你从前线回来时，反叛的诸侯罢兵没有？"

这位军官答道："还没有罢兵呢。刘濞早有谋反之心，只是一时没有找到借口罢了。现在朝廷要削夺他的封地，这下他才有得说了。起兵杀晁错只不过是借口而已，他们的真正用意是推翻朝廷。我担心天下有识之士，从此再不敢谈论削夺诸侯封地的事了。"

听完军官的话，汉景帝叹息道："你说得很对，我也非常后悔。"随后，下令增加兵力平定了叛乱，另一面又用武力削夺了诸侯封地，实现了晁错的主张。

横扫匈奴如卷席的骠骑将军——霍去病

霍去病是汉武帝时期抗击匈奴的名将。在反击北方匈奴人的战争中，表现得非常英勇，他的部队所向无敌，打了很多胜仗，为国家立了大功。

霍去病从小就喜欢练武，立志要做一名保家卫国的将军。他每天勤学苦练，终于练就了一身好功夫，刀枪棍棒、骑马射箭样样精通。18岁的时候，便做了汉武帝的侍卫兵。

有一年的春天，他的舅舅大将军卫青奉命率军出征，反击匈奴人的入侵。霍去病觉得这是自己报效国家、杀敌立功的好机会，便请求皇帝让他也一起去。皇帝很高兴，就让他以校尉的身份，率骑兵800人随大军讨伐匈奴。

匈奴人见汉朝军队逼压过来，知道情况不妙，纷纷撤退。卫青见状便把人马分成几路去追击敌人。傍晚时分，各路人马陆续回到大营，谁都没有发现匈奴的主力，只有霍去病那一路人马迟迟没有回来。

原来，霍去病率领800骑兵还在连夜追赶敌人。他第一次领兵打仗，杀敌心切，不追上匈奴不肯罢休。他的部队一口气追了几百里，天快亮的时候才见到敌人。霍去病见敌人还沉浸在睡梦中，便下令乘机出击，并带头冲向敌营。他深知擒贼先擒王的道理，便向敌营中最大的帐篷冲去。帐篷里住着三个匈奴头领，霍去病手起刀落便杀了一个，又活捉了另外两个。从睡梦中惊醒的匈奴兵猛然见到汉朝的兵将，也不知来了多少人马，吓得争相逃命。霍去病乘势率兵追杀，直杀得敌兵尸横遍野，一共消灭匈奴 2000 多人，大获全胜。

回到大营后，霍去病押着那两个匈奴头领去见卫青。经审问才知道，一个是匈奴王爷，一个是匈奴相国，被霍去病杀死的也是个王爷。这个功劳可不小，对匈奴是个沉重打击。皇帝知道后，夸他勇冠三军，还封他做了"冠军侯"。

两年后，皇帝派他率兵攻打通往西域（今新疆一带）的必经之路——"河西走廊"一带的匈奴人。此时他已经升做骠骑将军了，手下有 10000 多骑兵。接令后，霍去病率大军像猛虎下山一样，一路上对匈奴猛冲猛打，迫使匈奴人节节后退。总共不到 6 天的时间就攻进了 1000 多里，消灭匈奴 8000 多人，杀死两个匈奴王爷，还抓住许多匈奴的大官。经过一段时间的休整，霍去病率军再次向"河西走廊"的匈奴残部发起进攻，深入敌境 2000 多里，消灭匈奴 30000 多人。这样一来，匈奴在"河西走廊"一带再也无法立足，只好逃到别处去了。汉朝通往西域的道路终于打通了。

汉武帝奖赏霍去病，为他修建了一座漂亮的住宅。霍去病坚决不要，说道："皇上的心意我领了，可是匈奴还没有彻底消灭，国家还有后顾之忧，我哪能先安顿自己的小家呢。"

匈奴人退到大漠以北后，仍然时常南侵。汉武帝决定再次派大军出征，彻底消除匈奴的威胁。他派大将军卫青和骠骑将军霍去病，各领 50000 骑兵深入大漠去攻打匈奴。霍去病率自己的一路人马横穿大沙漠，攻进去 2000 多里，打败了匈奴左贤王，消灭敌军 70000 多人，取得了这次进攻的决定性胜利。霍去病还在当地一座叫做狼居胥的山上，举行了一个盛大的仪式，悼念在战斗中英勇牺牲的将士，奖赏立功的英雄，并竖了一块石碑留作纪念。

两年以后霍去病病逝，年仅 24 岁。人们非常想念他，认为他是一位真正的大英雄。汉武帝在为自己准备的墓穴旁，给他修了一座墓，墓前还立了一块大石碑，以示对他的信任和喜欢。

出使西域第一人——张骞

张骞是西汉武帝时人，曾以使臣身份，先后两次率队出使位于今天新疆一带的西域，沟通了汉朝与西域各国的联系，出色地完成了使命，成为当时传奇式的英雄人物。

西汉建立后，经过几代人的努力，到了汉武帝的时候，国力达到了空前的强盛，朝廷已有足够的力量，来反击一直不断南侵的匈奴人。于是，汉武帝开始着手进行对付匈奴的准备。

有一次，他听说西域有个叫大月氏的国家，是被匈奴人打败以后逃到那里去的，和匈奴的仇恨很深。汉武帝想要联合这个国家，从东西两面夹击匈奴。

当时，中原人对西域还一无所知，到西域去有多远，那个叫大月氏的国家又在哪儿，谁也说不清楚。再说，中间还隔着被匈奴占领的"河西走廊"地区，经过那里，随时都有被抓住杀头的可能。因此，去西域在当时是一件非常冒险的事。

汉武帝决定组建一支队伍，号召愿为国家出力而又勇敢的人，自愿参加。当时有个年轻的官员第一个报了名，他就是张骞。由于他带了头，很多人都跟着报了名。一支100多人的队伍组建起来了。汉武帝任张骞为使臣，率队出使西域。

张骞手持代表汉使身份的"节"（节的形状像一根长棍子，上面扎着穗子），带领这支队伍出发了。进入匈奴地界后，大家非常警惕，行动十分小心，可是没走几天，还是暴露了目标，被匈奴人抓住了。匈奴兵押着张骞去见匈奴王，匈奴王见张骞在自己面前还举着"节"，便喝令他放下。张骞气愤地说："我堂堂大汉使臣，怎能随便把'节'放下！我们是路过这里的，并无他意，请放我们走。"匈奴王说："我与汉朝势不两立，你们这些人想从我的地面上经过，办不到！"于是下令把张骞他们这100多人分散到各地去当奴隶，严加看管，不许集中。

没想到这一扣就是11年。张骞每天放牛牧羊，生活非常艰苦，可他时刻牢记着自己的使命，手中的"节"始终不放下。随着时间的推移，匈奴人渐渐放松了对他的看管。一天夜里，看管他的匈奴人饮酒作乐去了，一直想逃离这里的张骞见时机到了，便和手下一名随从骑上快马向西奔去。

他俩一路上历尽千辛万苦，跑了几十天，终于到达了一个叫大宛的国家。大宛王早就听说汉朝是个富饶的大国，很想和汉朝来往，见到汉朝使臣，非常高兴。听张骞说他们要到大月氏去，就派了翻译和向导，为他们带路和提供方便。

大月氏王见汉使来了，便友好地接待了他们。张骞说明了来意，可是大月氏王并不感兴趣。原来，大月氏人已经过惯了这里的安定生活，不愿再打仗，也不想向匈奴人报仇了。张骞和随从在那里停留了一年多，没能改变大月氏人的想法，知道再等下去也不会有什么结果，便决定回国。

为了避开匈奴人，他们没有沿原路返回，而是顺着昆仑山的北边往东走，结果还是给匈奴人抓住了，又被扣留了一年多。直到匈奴发生了内乱，张骞才乘机逃了回来。张骞用了整整13年的时间，完成了这次艰难的使命。

汉武帝见到出使多年的张骞，非常高兴，仔细询问了他出使西域的情况，认为他任务完成得很好，向西域人表达了汉朝的友好情谊，同时也显示了汉朝的国威，因此，决定提升他为自己的顾问。

在张骞出使西域的这段时间里，汉武帝多次派遣大军北上反击匈奴。张骞回国后，也参加了反击匈奴的大军，由于他熟悉匈奴的地理环境，给大军作战提供了许多便利。经过多年的争战，汉朝打败了匈奴，把匈奴人赶到大漠以北。

汉武帝担心匈奴还会卷土重来，决定派张骞再次出使西域，联合西域各国共同防御匈奴。这一次，张骞带了300多人，还有上万的牛羊、大量的金银珠宝以及丝绸等物品。此时，匈奴人已经北退，他们很顺利地到达了西域。

他们先到乌孙国，张骞给乌孙王献上一份厚礼，和他谈起了联合对付匈奴的事情。乌孙王对汉朝的情况不了解，一时拿不定主意。张骞决定自己在这里等一等，便让几个副手分别带队到大宛、康居、大月氏、大夏等国去联系。

张骞在乌孙待了一段时间，仍不见有什么结果，便向乌孙王辞行，返回汉朝。乌孙王派使臣带了几十匹好马，随张骞到汉朝表示谢意，顺便也了解一下汉朝的情况。

张骞回国不久就去世了。在他死后的一年多时间里，他的副手陆续回来了，他们所到的国家也都派使臣来汉朝访问。从此，汉朝与西域各国的道路打通了，相互之间的了解加深了，友好关系增强了。商人们把中国的丝绸等物品，通过这条道路经西域运到了西亚和欧洲。这样，由张骞打通的这条通往西域的道路，便成了举世闻名的"丝绸之路"。

宽以待人得报答——邴吉

西汉宣帝时有一个丞相叫作邴吉，在辅佐汉宣帝实现"昭宣中兴"的过程中起了很大的作用。邴吉做人处世以知大节、识大体著称，他性格里最可贵的特点就是宽厚待人，惩恶扬善，尤其是对下属，从不求全责备。对好的下属，他大力加以表彰；对犯了过失的下属，只要是能原谅、宽容的，他都尽可能地原谅、宽容他们。

邴吉是从一个小狱吏逐步提拔到丞相高位的，他努力学习儒家经典，深通治国之道。在他任丞相期间一直兢兢业业，也很关怀爱护下属官员，对犯错误的官员不是一棍子打死，而是给他们改正的机会，让他们各司其职，人尽其才。因而他的下属官员对他既尊敬又佩服，丞相府官员上下合力为国家尽职。

邴吉不仅对下属官员宽大为怀，对身边的仆人也极为宽大仁慈，不计小过。这些仆人都被他宽宏大量的精神所感动，尽心尽力地为他效力。有的人还在关键时刻对他起到了重要的作用。

邴吉

邴吉有一个车夫，驾车的技术很好，其他方面也没有什么问题，就是有一个毛病——喜欢喝酒，经常喝得醉醺醺的，出门在外也是这样。有一次，邴吉出门办事，带了这个车夫驾车。这一次车夫又是喝得醉醺醺的，车子还在路上，他就呕吐起来，把车上的座席都弄脏了。

车夫一见自己弄脏了座席，吓得不知怎么办才好，他以为邴吉肯定会骂他，于是不敢说一句话，不过让车夫没有想到的是，邴吉并没有多说他什么，只让他把车上的污迹擦干净，然后又赶车上路。回到相府，管家知道这件事后非常生气，狠狠地训斥了车夫一顿，并向邴吉建议说："大人，这个车夫实在是不像话，干脆把他赶走算了！"

邴吉摇摇头说："不要这样做。因为他喝醉酒犯了一点小小的过失就赶走他，你让他到哪里去容身呢？他不过是弄脏了我的座席罢了，算不上什么大罪。还是原谅他吧，我相信他自己会改正的。"管家这才没有赶走那个车夫。车夫知道是丞相的宽宏大量才保住了自己的工作后，内心非常感激，决心报答丞相。从此更尽心尽力地赶车，酒也喝得少多了。

车夫觉得邴吉对自己实在是太好了，于是在以后的生活中也处处留心为主人着想。因为车夫原本是边疆人，熟知边防报急方面的事情。有一次，他在长安街上看到一名驿站的官员疾驰而过，猜想一定是边境上发生了什么紧急的事情。于是他紧跟着到驿馆里去打听消息，果然得知是匈奴入侵中郡和代郡，那里的郡守派人告急。车夫立即回相府，把自己探听到的情况向邴吉报告。邴吉知道宣帝马上会召自己进宫商议，便叫来有关方面的属下，向他们了解被入侵地区的官员任职以及防务等方面的详细情况，思考了对策。

不一会儿，汉宣帝果然召见邴吉和御史大夫等人商议救援之事。由于邴吉事先已知道了消息，并且有所准备，所以胸有成竹，侃侃而谈，很快提出了可行的救援办法。而御史大夫等人却是仓促进宫，一点消息也不知道，对被入侵地区的情况也不太了解，一时之间根本就说不出什么来，更不用说切实可行的救援办法了。两相比较，对照鲜明。汉宣帝赞赏邴吉对国家的事情非常关心，对御史大夫等人却很不满意。更重要的是，邴吉事先得到情报也为抗敌争取了兵力和物质部署的时间，而这一切则都得自于车夫的功劳了。

退朝后，其他大臣对邴吉十分钦佩，邴吉却对大家说："实不相瞒，今天是因为我的车夫事先打听到消息并告诉了我，使我预先有了准备。当初，他曾经醉酒呕吐，弄脏了我的车座，我原谅了他，所以他才有今天的举动。"众人又无不为邴吉的真诚感到由衷的佩服。

其实邴吉的想法很对，每个人都有所长，也各有所短，做人应当尽量容忍别人的过失。想想看，假如当初邴吉不容忍车夫的过失，把他赶走了，也不会有后来的车夫给他报信，他更不会受到皇上的表彰，邴吉这种宽以待人的品格其实也帮助了自己，给别人留后路的同时也给自己留了后路。

推心置腹，人心尽归——刘秀

汉更始帝更始元年，刘秀受更始帝刘玄之命经略河北，河北各州郡纷纷归附，此时有人立王郎为帝与刘秀作对，致刘秀逃亡数月，后来刘秀率军反击攻破邯郸，诛灭王郎，缴获一大批秘密文件，其中有大量各州郡将吏与王郎互通的书信，但刘秀无意拆看，他立即召集众将和一些州县官员，把这些文件当众全部烧毁，并宣称"令反侧子自安"。所谓"反侧子"是指那些和王郎私通的人。当王郎兵败后，他们辗转反侧，内心不安，刘秀这样做，使他们把悬着的心放了下来，开始死心塌地地跟随刘秀。

这样河北地区便初步稳定下来，但像铜马军这样的地方起义军武装却仍在不停地攻城略地。刘秀为彻底安定河北，便率军与铜马军交战，双方交战了几次，后来刘秀率军将数十万铜马军围困起来。一段时间后，铜马军因粮尽向刘秀投降，刘秀很高兴，便不计他们曾数度攻打自己，使自己陷于困境，而是把铜马军的主要将领都封为列侯，而各将所统属的士兵也不更换，仍令他们带领自己原先的部队。

铜马军的将领因为曾经杀伤过不少刘秀的将士，所以心里不安定，都害怕刘秀

刘 秀

报复。刘秀知道他们的想法后，命令铜马军各将领勒兵归营，自己则乘轻骑让几个人担着酒肉，也不让士兵保护自己，去逐地巡视铜马军各大营，亲自与铜马军的将领斟酒交谈，抚慰军心。要知道，铜马军中的士兵前两天还在和刘秀的士兵交战，他们中不少人也都有战友或亲人被刘秀的士兵打死、打伤，现在见了对手的主帅，如何会没有仇恨之心？但刘秀却将生死置之度外，以一颗博爱仁德之心对待他们，真心实意地抚慰他们惶恐不安的心，从容不迫地化解双方的仇怨，铜马将士见刘秀如此举动，所以仇恨与惶恐顿时释然，都十分感动和钦佩，很多人都感慨地说："萧王（刘秀曾被更始帝封为萧王）推赤心置入腹中，安得不效死乎？！"之后大家还一致推举刘秀为"铜马帝"，对其唯马首是瞻。

刘秀以一颗赤心真诚待人，终得到众人的真诚相待。由此可见，真诚乃我们处世的一大法宝。铜马军归顺刘秀后，刘秀的军队一下子膨胀到几十万人，实力大增，河北之地也大部分被他稳定下来。

刘秀在当上皇帝之后，对待下属也总是能以诚相待，对待降将也是以德服人，却不用刑杀立威，这显示出他非凡的领导才能和豁达的气度。

威武不屈的汉使——苏武

苏武是西汉朝廷的官员。当时西汉政权日益强大起来，再也不能坐视北方匈奴人的侵扰而不管。因而汉武帝连年派兵反击匈奴，最终把匈奴人撵回北方，使边境安定下来。此时，双方常有使臣往来，探听对方虚实，也常因故扣留对方使臣。

有一年，老匈奴王死了。新匈奴王怕汉朝乘机来攻，就把先前扣留的汉使全部放了回来，表示要与汉朝和好。汉武帝以为匈奴真的要和好，就派苏武出访匈奴，并送还匈奴的使臣，还给匈奴王带去了大量的礼物。经过一番准备，苏武率领张胜等100多位随从便出发了。

匈奴王见汉朝送还了使臣，还带这么多礼物来，以为汉朝害怕了，马上变得蛮横起来，不把汉使放在眼里。偏巧这时发生了一件意外的事情。

匈奴的一些贵族和一个叫虞常的汉人想归顺汉朝，他们暗中谋划要把匈奴王的母亲一起携带走。没想到事情败露，虞常被抓。

事发前，虞常和苏武的随从张胜曾有过来往。他俩在汉时就是好友，虞常对张胜说过他们的计划，张胜表示支持。本来张胜不想让苏武知道这事儿，可是当他听说事情败露，虞常被抓时，只好把自己和虞常的来往告诉了苏武。苏武感到事情严重，便对张胜说："这事迟早要牵连我的，到时他们肯定要抓我，身为汉使在匈奴无故被抓，这是汉朝的耻辱，为了不辱使命，我只能一死了。"说罢，拔刀就要自杀，张胜上前拦住了他。

匈奴王让一个叫卫律的大臣审讯虞常，要他交出同党。酷刑之下，虞常果然供出了他和张胜的关系。匈奴王得知后，气得暴跳如雷，声称要把所有汉使杀掉。他的手下说："事已至此，杀了也没用，不如逼他们投降，还有点意义。"

于是，匈奴王又叫卫律去逼苏武投降。苏武对卫律说："身为汉使，屈辱的事儿不干，如果那样的话，有什么脸面活着，你们如此逼迫，还不如让我死的好。"话音刚落，便拔刀自杀，鲜血流了一地。卫律上前一看，见苏武还没有死，便急忙叫人抢救。

匈奴王很佩服苏武，非常希望得到他，因此等苏武的伤好了后，又叫卫律去逼他投降。

这一次，卫律当着苏武的面杀了虞常，接着又拿刀对张胜说："你也犯了死罪，如果你投降就可以免死！"张胜吓得跪倒在地，连连求降。卫律回头对苏武说：

"张胜有罪，你也有牵连罪。"

"我又没参与他的事儿，谈不上什么牵连罪。"

卫律举刀要杀苏武，苏武却面不改色。来硬的不行，卫律便又来软的。于是他劝苏武说："我本来也是个汉使，没办法投降了匈奴。如今做了大官，有财有势，享尽了荣华富贵，可比当汉使强多了。你投降了也会和我一样，何必自找苦吃呢？"

苏武气愤地说道："你这个不知羞耻的汉奸，还好意思来劝我，你给汉人丢尽了脸。实话告诉你，我是决不会投降的。要杀就杀，要砍就砍，少废话。杀汉使者的国家是不会有好下场的，你要是杀了我，匈奴灭亡的日子也就到了。"

卫律拿他没办法，只好向匈奴王汇报。匈奴王命人把苏武关在大窖里，不给他吃喝，想用这种办法逼他投降。

此时已是冬天，大雪纷飞，苏武在窖里忍受饥寒的折磨，渴了嚼口雪，饿了就撕羊皮吃。几天过去了，苏武还是不投降。匈奴王无计可施，只好下令把他流放到贝加尔湖畔去放羊，还留下话说："如果不投降，就永远别想回汉朝。"

苏武孤身一人在贝加尔湖畔过着牧羊的生活，风餐露宿，生活非常艰苦，有时饿极了就挖鼠洞中的草籽吃。尽管这样，他也没有把代表自己汉使身份的"节"丢掉过一会儿。苏武白天用它放羊，晚上就把它抱在怀里睡觉。一年又一年地过去了，汉节上的穗子都磨光了。

后来，匈奴发生内乱，再没有力量和汉朝对抗了，便谋求和解。汉朝答应和解，前提是放回苏武，匈奴王谎称苏武已死，不肯放人。

有位汉使来到匈奴，苏武当年的一位随从秘密与他会面，告诉他苏武还活着。于是这位汉使就去找匈奴王，使了一个小计谋，说："我们皇上在花园里射下了一只大雁，大雁腿上绑着一块布条，上面有字，说苏武还活着。"匈奴王吃了一惊，他还真的认为是飞鸿传书呢，只好答应放人。

经历了整整19年的艰难岁月，苏武终于回到汉朝。此时的他已步履蹒跚，满脸皱纹。头发和胡子全白了，身无一物，只有手中的汉节还在。

在匈奴期间，苏武威武不屈，保持汉节，不辱使命，赢得了人们的尊敬。他的事迹使人感动，世代流传。传统剧目《苏武牧羊》讲的便是这段故事。

理财高手——桑弘羊

桑弘羊是西汉初人，出生在洛阳的一个商人家庭里。自幼受家庭影响，熟悉理财知识，醉心于前代理财家的事迹。13岁便以通晓理财进入了皇宫，做了皇帝的侍从官，伴随在皇帝左右。

西汉初期经过六七十年的休养生息到汉武帝时，国力大大加强。汉武帝抓住这个机会，开始用兵周边国家，东征西讨。一系列的军事行动，虽然宣扬了国威，巩固了国防，但也使建国几十年来的储备消耗殆尽，国内各种矛盾随之激化。为了摆脱财政困境，缓和矛盾，汉武帝任命桑弘羊为大农丞，协助处理国家财政事务。

桑弘羊理财，首先从整顿币制入手。他在给汉武帝的奏折中写道："自建国以来，钱币一直由各诸侯国自行铸造。几十年的经验证明，这种做法弊多利少。一方面，造成了币制的严重混乱，使各地钱币轻重不一、形状各异，给正常的贸易带来了许多不便。另一方面，又使诸侯国从中获得暴利，既减少了中央的收入，又削弱了中央对全国金融的控制。长此以往，将会危及江山社稷。"

然后，他又建议汉武帝："当务之急就是整顿币制，停止地方可铸钱的规定，将铸币权收归朝廷，发行新型钱币，通行全国。"汉武帝采纳了他的建议，很快就改变了币制混乱的局面，稳定了社会经济，增加了国家的财政收入。

桑弘羊还创立了"均输法"，即各地将本应进献朝廷的物品按当地市价折合成粮食，就近运往价高的地方出售，而不必像以前那样要先运到京城。这样，可以避免在运输中的浪费，减轻百姓的负担，减少国家的开支。

桑弘羊理财有方，为朝廷缓解了经济困难，贡献很大。被提升为负责国家军粮供应的治粟都尉，兼任大农令，主持全国经济工作。

在古代，盐、铁一直是生产和生活的重要物品。汉武帝之前，盐、铁的生产和经营权掌握在私人手里。他们通过经营盐、铁，往往成为巨富，权势也越来越大，操纵着国家经济命脉，造成了严重的经济和政治危机。

桑弘羊兼任大农令后，在全国范围内推行盐铁官营政策，由国家统购统销盐铁，严禁私人生产和销售，违者重罚。这一政策的实行，使国力大增，富商的势力被削弱。

其后，桑弘羊创立了"平准法"，由朝廷在京城长安设立一个平准机构，储存和管理各地进献的物品。根据市场销售情况贱买贵卖。当某种商品涨价时，"平准"就抛出某种商品；某种商品价格下跌，"平准"就买进来。"平准法"的实行，使物价得以保持稳定。

在当时，酒是一种重要的生活消费品，销量很大，经营酒的买卖可以获得很高的利润。为此，桑弘羊推行了酒类专卖政策。所谓酒类专卖，就是由官府供原料给私营酿酒作坊，统一管理其产品，实行专卖，利润归国家所有。

桑弘羊推行的一系列增加国家财政收入的措施，取得了显著的成效，使国家财政紧张状况得到了缓解，实现了不增加百姓负担而提高国家收入的目标。

汉廷里的匈奴族大臣——金日䃅

一年的春天，汉武帝病倒在五柞宫，临终前，他召见大臣霍光，让霍光在他死后，像古代周公辅助成王那样，辅助年幼的皇帝。霍光谦让道："我不如金日䃅。"武帝缓缓地说道："金日䃅忠勇可靠，那就让他与你一起辅助吧。"

金日䃅到底是什么人，竟受到如此的推崇和器重呢？

金日䃅原是匈奴王太子。在汉武帝派兵打败匈奴时，被抓入官府为奴，为汉朝皇宫养马。金日䃅为汉皇室养马，干活很认真，言行也极谨慎。

有一次，汉武帝想看看马，就让金日䃅等数十人各牵着自己养的马，从殿前走过。皇帝身边簇拥着许多漂亮的宫女，大家牵马走过时，都禁不住偷看几眼，唯独金日䃅面容严肃，目不斜视，而养的马又非常健壮，很得武帝的好感，武帝于是便让他做了管理养马的官。

后来，金日䃅被提升为皇帝的贴身侍卫，与皇帝的关系密切了。金日䃅没因这特殊关系而自傲，工作从没有出过差错，深得武帝喜欢。许多大臣私下议论说："皇上得一外族鬼子，竟如此看重，真不知皇上是怎么想的。"汉武帝对这些议论置之不理，更加厚爱金日䃅。

金日䃅对子女的教育十分严格。他经常教育子女要懂得礼仪。他有一个儿子非常招人喜爱，连皇帝都视之为宠儿，因此皇帝经常把他带在身边。这孩子跟皇帝混得很熟，有时会突然从背后爬上皇帝的脖子撒娇。

有一回，金日磾正好看到这种情形，就用严厉的眼光逼视儿子，儿子被吓得赶紧下来，哭着跑开了，嘴里还说："父亲生气了。"他的这个儿子长大以后，行为更不检点，甚至在皇宫与宫里的人嬉戏。金日磾非常生气，给儿子以严厉的处罚，汉武帝听说后很伤心，但从心里更加敬佩金日磾。

有一次，汉武帝出巡，住在林光宫。一天早上，皇帝还未起床，一个叫莽何罗的大臣闯进宫里，当时，身体有病的金日磾觉得很奇怪。

突然，他发现莽何罗的袖子里露出了一把刀子，奔向皇帝的卧室，金日磾顿觉不妙，立即迎了上去。莽何罗一见金日磾，脸色突变，仓促之间碰倒了一架乐器，一下子愣住了。就在这一瞬间，金日磾不顾身体不适，用力抱住莽何罗，大声喊道："莽何罗造反啦！莽何罗造反啦！"汉武帝从睡梦中惊醒，他的随从也闻声赶来，拿起武器就要与莽何罗搏斗。汉武帝怕误杀金日磾，示意随从不要动。说时迟，那时快，就在大家一愣神的工夫，金日磾拉着莽何罗的衣领将他扔到宫门外。皇帝的随从马上把莽何罗绑走了。从此，金日磾又以精忠闻名。

于是，也才有了霍光举荐他辅政的一幕。

汉武帝死时，在他的遗诏里封金日磾为侯。这样，金日磾就成了汉廷里受封侯的匈奴人了。

大树将军——冯异

东汉开国名将冯异为人谦和有礼，在路上遇到别的将军，他总是避道相让。众将聚在一起自吹自擂、评功论赏时，冯异却远远地躲开，一个人默默地坐在大树下。于是，士兵们便给他起了个"大树将军"的雅号。刘秀整编部队，将士们都愿意跟着"大树将军"。为此，刘秀对冯异更加欣赏和重视。

冯异在刘秀平定天下的战争中表现突出，是刘秀最得力的大将之一。他率部击破北平铁胫军，打败匈奴，攻克上党等城，又南下攻取河南成皋等地，收降敌军十余万，使刘秀独霸河北、河南一带，有了与更始帝分道扬镳的资本。

刘秀初到河北之时，河北已落入他人之手，有人悬赏 10 万两黄金要他的人头。刘秀率部向南逃奔。一天，他们来到河北饶阳芜萎亭时，天气寒冷，北风凛冽，大家都饥寒交迫。冯异到附近的村子里要饭，给刘秀弄来了一碗豆粥。刘秀一口气喝下，顿觉甘美无比。第二天，刘秀还在回味那碗豆粥。

当走到滹沱河边时，突遇大风暴雨，幸好河边有几间屋子，一行人便进去避雨。屋中有炉灶，冯异便抱来柴薪，生好炉子，让刘秀对着炉火烘干被淋湿的衣服。不一会儿，冯异又找来一点麦子和菟肩（一种蔬菜），给刘秀做了一碗菟肩麦饭。

对于这一段君臣的患难经历，刘秀一直念念不忘。称帝以后，他还专门给冯异写信说："我时时记着当年将军在芜萎亭端给我的豆粥，在滹沱河边递给我的麦饭。这些深情厚谊，我至今还未报答呢！"

驰骋西域的汉朝使节——班超

东汉著名使臣班超，从小就聪明好学，博览群书。常以张骞建功西域为榜样，立志要在西域为国建功。

西域是个遥远的地方，居住着许多少数民族。汉朝时，一度为匈奴人控制。在汉人眼里，那是一个可怕的地方。别人觉得他要去西域建功立业的想法很可笑，可他却郑重地说："大丈夫的志向不是常人所能理解的。"

长大后，班超为政府抄写文书，补贴家用。有一天，他自言自语说："大丈夫应当效力战场，怎能一辈子与笔墨打交道呢！"于是，毅然投笔从戎，参加了北击匈奴的战争。希望通过从军的途径，实现自己的远大志向。

班超梦寐以求的出使西域的机会终于来了。为了解除北匈奴的威胁，扫除西域和东汉交通的障碍，朝廷派班超带领 36 人出使西域。

班超首先到达西域的鄯善国（今新疆若羌）。

鄯善国王对他们很热情，但是不久就冷淡起来。班超了解到这是北匈奴使者从中挑拨的缘故，决定除去匈奴使者，解除鄯善国王的后顾之忧。

班超把随行的 36 个人召集在一起喝酒。酒过三巡，班超对大家说："你们跟我来到西域，都想建功立业，求得功名。现在匈奴使者到了鄯善国，国王就疏远了我们。如果他把我们交给匈奴人，我们可就死无葬身之地了。你们看应该怎么办？"大家说道："现在情况危急，一切全听您的安排。"班超说："不入虎穴，焉得虎子。今天晚上，我们火烧匈奴使者，消灭了他们，鄯善国王就会害怕，一定会再次投靠我们这边。"

当天夜里，班超亲自带人，潜到匈奴使者的住处，把火点起来。正好那天夜里风大，大火迅速在匈奴营帐间燃烧起来。随后，班超带人趁火势杀了进去。100多匈奴人还没明白是怎么回事，就被他们消灭了。

这一举动使鄯善国王大为震惊，心里十分害怕，立即答应归顺汉朝，并与北匈奴断绝了关系，还把儿子送往汉都作为人质。

皇帝得知班超的勇敢行为，非常高兴，正式委派他为汉朝使节，管理与西域各国的事务。

当时西域有很多国家，其中有一个国家名叫莎车。班超到达西域的时候，莎车已经归顺了颇有势力的龟兹。

为了让莎车归顺汉朝，班超便募集军队，准备攻打莎车。龟兹闻讯，派兵救援莎车。在敌众我寡的情况下，班超决定用分兵计策取胜。他先让一支部队往东行进，自己率一支部队向西去，并约好夜间以鼓声为号，听见鼓声，两支部队马上回兵袭击莎车。布置完毕，有意把计划泄露给战俘，让他们逃回去报信。龟兹国王信以为真，立即将救援莎车的军队调回，分兵两路去截击班超的部队。班超见敌军远离莎车，立即命令击鼓回兵，杀向莎车军营。睡梦中的莎车士兵，想不到汉军会从天而降，军营像炸了锅一样，一片混乱。结果，莎车大败，莎车国王乖乖地归顺了汉朝。

在班超苦心经营下，西域50多个国家先后臣服汉朝，使中断数十年的中原与西域的交往得以恢复，密切了汉族与西北各族的关系。班超在西域活动30年，等他奉召回朝的时候，已是双鬓斑白的老人了。因积劳成疾，回来一个月，就与世长辞了。

为了表彰班超的卓越贡献，朝廷封他为定远侯。驰骋西域大半生的班超，终于实现了立功封侯、报效国家的远大志向。

治光州一心为民——杨逸

南北朝时期，北魏的杨逸在29岁时就被魏庄帝授任为吏部郎中、平西将军、南秦州（今甘肃东南部及陕西部分地区）刺史、散骑常侍等职。如此年轻就委以重任并身兼数职，可以说是无上的荣耀了。此后，他又被调任平东将军、光州（今山东莱州）刺史。

为官一任就要造福一方，年轻气盛的杨逸决心在刺史任上大干一番。为治理光州他可谓煞费苦心，不辞劳苦。当时战争频繁，兵荒马乱，民不聊生，杨逸集中全力处理事关百姓生计的大事，为办理公务，他日夜操劳，夜不安寝，食不甘味，以求安定民心，稳定秩序。最难得之处是他能放下刺史的官架子，时常到百姓中视察抚慰。

杨逸深深知道，要想天下太平，必须争取民心，而要想获得民心，必须体察人民疾苦，从点滴做起。因此，每当州中有人被征召从军，他一定要亲自送行，有时风吹日晒，有时雪飘雨狂，许多人都坚持不住，他却毫无倦意。杨逸也深知治政、治军要讲究宽猛相济、恩威并施。他关爱百姓，又法令严明，恶徒狂贼都不敢在州中惹是生非，全州境内一时成了太平世界。

杨逸最痛恨那些奸诈的豪强和匪首，于是在州中四处布下耳目，随时监督，稍有动静就立即剪除。他以严格的纪律约束部属，手下的官吏士兵到下面办事，都自带口粮。如有人摆下饭菜招待，即使在密室，也不敢答应，如果询问他们原因，都说杨逸有千里眼明察秋毫，哪个做了错事都不能瞒得过他。

杨逸刚上任时，光州因连年灾荒，当时粮食奇缺，饿死了很多人，杨逸见到这种情景心急如焚，决定开仓放粮赈灾，救百姓于水火之中，可管粮的官吏惧怕私用国库存粮会招致大祸，坚决不同意。

杨逸也明白不经上奏批准擅自发粮，如果朝廷怪罪将会有生命危险。可是要按常规向皇上请奏等待批答，文书往来不仅浪费时间，而且不知又要饿死多少百姓。于是他决心这次宁可受罪也要开仓放粮，就对手下人说："国以民为本，民以食为天，开仓放粮由我而定，责任也由我一人担当，即使获罪，我也心甘情愿，死而无憾，与他人没有关系！"随即果断下令开仓，将粟米发给了饱受饥饿煎熬的百姓。然后，杨逸马上写好奏章，向朝廷申说详情。

奏章送到朝中，庄帝与群臣谈论起这件事情来，以右仆射元罗为首的大臣认为国库储粮不可轻易动用，杨逸之请，应予驳回。其他大臣则认为情势紧急，应贷粮两万。最后庄帝恩准两万。

杨逸放粮后，还有为数不少的老幼病残者仍难活命，他便派人在州门口摆上大锅煮粥施舍给这些人，使之不致饿死。杨逸的这一举动，无异于雪里送炭，解民于倒悬，那些即将饿死而因杨逸及时赈济终于活了下来的百姓竟然数以万计，庄帝闻听事情本末，也以为处置得宜而连连称赞。

后来，杨逸惨遭家祸，不幸被人杀害，死时年仅32岁。全州上下的士吏百姓，听到凶讯后如同失去了自己的亲人一般悲哀，城镇村落都摆斋设祭，追悼这位年轻有爱心的刺史，人们竟然为他祭奠了一个月。

杨逸一心为百姓着想，为救饥民，不怕承担罪责，自作主张开仓赈济灾民，真是难能可贵。一个冒着生命危险，给百姓以实实在在的好处的人，人们又怎么会不打心底里爱戴呢？

聪明有智，治国良臣——诸葛亮

诸葛亮是三国时期蜀国的丞相。他从小就胸怀大志，把统一天下作为自己的志向，并为此奋斗了一生，成为一位著名的政治家。

诸葛亮小时是个孤儿，一直跟叔叔生活，叔叔死后，便来到一个叫隆中的小山村定居。他一边种地，一边读书，对国家大事十分关注。二十刚出头，就成了远近闻名的人物，人们都很佩服他的才华和学识，称他为"卧龙先生"。

当时国家处在战乱之中，英雄豪杰不断涌现，刘备便是其中一个。他听说诸葛亮是个了不起的人才，便想请他帮助自己打天下，还亲自到隆中去登门拜访。

诸葛亮

刘备顶风冒雪一连三次去隆中拜会诸葛亮，前两次诸葛亮都故意躲着不见，第三次诸葛亮终于被感动，接待了刘备。刘备虚心请教说："我征战半生，想统一天下，可却接连遭受挫折，希望先生给我出出主意。"诸葛亮见刘备很有大志，又与自己的想法相同，便向他谈了自己的主张："您应该设法占据荆州和益州这两个地方，然后，对内同西南少数民族搞好关系；对外联合孙权，抗拒北魏。等时机一到，可以从荆、益两州出兵，一举统一天下。"刘备听了他的话，对他更加佩服，把他请出了山。这便是典故"三顾茅庐"的来历。

后来，诸葛亮终于帮助刘备建立了蜀国，形成了与北魏、东吴三国鼎立的局面。刘备死后，蜀国少数民族乘机叛乱，诸葛亮决定亲自率军平叛。但他认为：仅靠武力征服是不行的，还应采取规劝政策，让他们心服才是上策。

诸葛亮率领大军很快就打到了叛军的老窝。叛军首领孟获，在少数民族中很有威信。诸葛亮决心让他心服，于是便设下一计，活捉了孟获，然后让大军列好阵势，把他领到阵前，对他说："这样的军队你能战胜吗？"孟获哼了一声说："也没什么了不起的，要是再打一次的话，我一定能赢！"诸葛亮见他不服，就把他放了。

孟获回去后，重新组织力量发动反攻，结果还是打了败仗，又被活捉。可他仍然不服气，诸葛亮又把他放了，就这样一连捉放了七次。最后，孟获终于服了输，对诸葛亮说："您的威力就像天神一样，我们再也不反叛了。"这便是诸葛亮"七擒孟获"的故事。

平叛后，诸葛亮挥师攻打北魏，开始北伐战争。

诸葛亮采用声东击西的办法，接连攻占了好几座城池，打得很顺利，这时北魏援军向街亭逼进。

街亭是个军事要地，诸葛亮特地让大将军马谡镇守，并亲自布置了防守计划。马谡读过许多兵书，讲起兵法头头是道，可他却很骄傲，根本没按诸葛亮说的去做，也不听别人的劝告，放着城池不守，偏要把军队驻扎在山上，结果被魏军团团围住，失去街亭。

街亭失守，使蜀军很被动，只好全线撤退。

诸葛亮平时把马谡当儿子一样看待，可这次马谡却严重违反军令，无法饶恕，只好依法将他杀头。此次失败，诸葛亮认为自己也负有用人不当的责任，上书朝廷，自降官职三级。

后来，诸葛亮又多次北伐，直到病死前线。北伐虽然没有取得成功，但它却显示了诸葛亮非凡的军事才能，连他的敌人都称赞他是天下奇才。

用兵如神的大将军——司马懿

三国时期的魏国大将司马懿是一位了不起的人物，自幼聪明过人，能力超群。魏之所以比蜀、吴强大，与他军事上的作为是分不开的。

魏国皇权掌握在曹氏家族手里。司马懿在侍奉曹氏时，他的卓越军事才能得到了充分的发挥，常常是兵出即胜，深得皇帝信任。

孟达本来是蜀国大将，后来投降了魏国，魏国命他驻守上庸。孟达反复无常，又想反叛回去。此事被蜀相诸葛亮的一个下人泄露了出去，孟达非常着急，准备提前行动。

司马懿得到消息后，一面积极调兵，一面派人稳住孟达，还给孟达捎去口信："将军从前离开蜀国，蜀人非常生气，诸葛亮一直想讨伐你，只是苦于找不到机会。蜀人传出你要回去，这可不是小事。诸葛亮非等闲之辈，如果确有其事，他怎么会轻易暴露出来？这是个常识，看来他们是想离间我们。"孟达得信后，暗暗高兴，认为反叛还是来得及的。

正当孟达积极准备的时候，司马懿命令大军日夜兼程，火速奔赴上庸。仅用8天时间，就兵临上庸城下。孟达惊讶不已，连说："神速！神速！"大军从四面攻城，16天后，攻破上庸城，斩杀了孟达。

后来，司马懿又率兵讨伐反叛的辽东太守公孙渊。公孙渊闻讯，急忙向吴国孙权求援。孙权一面派兵支援，一面写信提醒公孙渊："司马懿善于用兵，变化如神，一定要小心，千万别中司马懿的计。"

战斗开始后，司马懿假装攻击敌军，公孙渊便聚集主力应战。司马懿突然兵锋急转，调头直袭公孙渊的老窝。将领们不解地问司马懿："为什么不打敌人主力？"司马懿解释说："敌人企图利用坚固的城堡，让我们进攻，想以此来消耗我们的力量。我们如果用兵攻打，正中其计。古人说，如果敌人坚守营盘，只要攻打它必定要救援的地方，它就不得不出营作战。敌人现在主力都在这里，而他们的老窝空虚。我们打他们的老窝，他们就一定会出来救援，这叫引蛇出洞。到时，我们就可以将其消灭了。"

公孙渊见魏军攻击他的老窝，果然出来救援。司马懿马上纵兵回去。公孙渊见势不好，就近退守到一个小城里，司马懿将其包围起来。

这时，天降大雨，平地水深数尺，司马懿却严令围而不攻。魏军将士不解其中奥妙，有一个将领问道："从前攻打上庸，昼夜不停地攻城，16天攻下城池。现在围而不攻，是什么道理？"司马懿说："上庸守军不多，粮食可吃一年；我军比敌人多四倍，粮食不够吃一个月。以一个月去对付一年，必须快速攻城。现在不同，公孙渊的军队多，粮食少，我们军队少，粮食多，所以不必急攻。用兵之道，贵在随机应变。"

等到雨过天晴，大水退去，魏军便开始修工事，挖地道，制战车，开始日夜攻城。这时，公孙渊粮食已尽，部下士气低落，被打得大败。

司马懿因军功卓著，渐渐地成了独揽魏国大权的重臣，为后来晋朝取代曹氏政权奠定了基础。

江东风流少年将——周瑜

东　汉末年，军阀割据，天下大乱，出现了曹操、刘备、孙权三方面争强的局面。位于长江中下游，由孙权控制的江东，出现了一位英俊潇洒、才华横溢的青年将领，他的名字叫周瑜，人们称他为周郎。

周瑜 24 岁时，就因屡建奇功当上建威中郎将。后来，又被提拔，帮助孙权掌管江东军事。

周瑜待人宽厚、气度豁达。有一位老将倚老卖老，多次轻蔑周瑜。但周瑜以大局为重，一再忍让，从不与他计较，使这位老将改变了态度，转而对周瑜敬佩不已，并与他结成忘年之交，共同为国效力。

北方的曹操率兵攻占军事要地——荆州，接收了荆州的水军和船只，派人给江东的孙权送去战书。霎时间，江东一片恐慌，孙权急忙召集群臣，商议对策。许多人都惧怕曹操，主张投降。

周瑜则极力主张武力抗曹，他对孙权说："曹操挟天子以令诸侯，名义上是汉朝丞相，其实是汉朝的奸贼。我主您威武雄才，独占江东，方圆几千里，兵精粮足，自应纵横天下，为汉朝清除奸贼。况且，北军不善水战，不服江南水土，天气又渐冷，粮草也不足，内部也不安定，这些都是用兵大忌，曹操却全然不顾，现在正是擒拿曹操的大好时机。请给我 30000 精兵，保证打败曹操。"

周瑜的精辟分析，打消了孙权的顾虑，决心抗击曹军。他命周瑜统领江东军队迎击曹操，并与刘备结成联盟。孙、刘联军在赤壁一举击败曹操。这就是历史上著名的"赤壁之战"。

赤壁之战后，刘备占据荆州，嫌地盘小，又亲自拜见孙权，要求孙权再让出一些地方来。周瑜向孙权陈述自己的意见，说道："刘备是一代英雄，手下有得力的干将，他不会甘心久居人下。最好的办法是把刘备引到江东，为他修建华美的宫室，多送他一些玩物，消磨他的意志。将他手下的干将各置一方，派有头脑的人带领他们作战。现在若割让土地给他，让他占据要地，那么，他们就犹如蛟龙入水，最终一定会成为我们的强大对手。"孙权出于别的考虑，没有采纳周瑜的建议。

周瑜感到很失望，但刘备势力不能不认真对待，于是请求西征，孙权同意了他的请求。但就在他积极准备西征的时候，不幸因病去世，终年 36 岁。

周瑜死后不到 10 年刘备建立了蜀国，与孙权、曹氏形成三足鼎立之势。周瑜卓越的政治远见终于被事实印证了。

从少年名士到东晋宰相——谢安

东晋宰相谢安，出身于名门大族。少年时，便以思路敏捷、风度翩翩而名噪一时。当时的名士对他很是器重，史书称他"少有重名"。

谢安遇事沉着冷静。有一次，他与友人乘船出海。航行间，风暴突起，浪涛汹涌，船上的人都十分害怕，谢安却坦然自若。船夫见谢安并无回转之意，便继续驾船前行。风越刮越大，这时，谢安才不失幽默地慢慢说："这样下去咱们将会漂到哪里去呢？"船夫这才调转船头。大家无不佩服他的胆量。

谢 安

谢安40多岁步入仕途，从此青云直上，直至宰相。这时，前秦皇帝苻坚率90万大军进驻淝水。苻坚不把东晋放在眼里，声称投鞭便可断流，企图一举消灭东晋。

晋朝京城危在旦夕，人人恐慌。朝廷任命谢安为征讨大都督，负责抗击前秦的军务。谢安的侄子谢玄在前线任将军，见军情紧急，急忙回京，向他请示抗敌办法。谢安平静地说："此事朝廷自有主张，不要惊慌。"说完，就再也不吭声了，谢玄不敢再问，只好在相府里待命。

谢安则又是下棋，又是游山玩水。有人担心地说："谢安不懂军事，眼下大敌当前，他不是游山玩水就是下棋，叫一些没有经验的毛头小伙子率兵打仗，胜败已经很清楚了，我们恐怕要做亡国奴了。"

其实，大家看到的只是表面现象，谢安没有停止过思考，一直在酝酿打仗的事情。"闲"与"玩"是他思考问题的特殊方式，思考成熟一个，就通过他的侄子谢玄布置下去一个。

前方作战的将领按他的指令行动，果然击败了前秦的先头部队。晋军遵照谢安的指示，乘胜渡过淝水，大败前秦军队，慌乱中的前秦士兵溃不成军，听到风声鹤唳，都以为是东晋的追兵。东晋终于取得了淝水战役的胜利。

捷报传来，谢安正在下棋，他看完战报，随手放在床上，脸上并无喜色。同他下棋的人问他怎么回事，他才平静而缓慢地说："孩子们把敌人打败了！"谢安表面沉静，内心却十分激动，以至于下完棋，过门槛时，竟把木鞋的齿给折断了。

谢安作为宰相，很注意各方势力的平衡。地方重臣桓冲死后，职务出现空缺。舆论认为谢玄有功，又是大族，应当把这个职务给他。谢安考虑到家里人都立了大功如再担当重任，会受到朝廷的猜疑。而桓氏也是大族，也有战功，他就把桓冲空下的职务，给了桓氏家族的人。这样，彼此间既无怨恨，又各得其所，避免了纷争，有利于东晋政权的稳定。

谢安劳苦功高，政绩卓著，死后，追封庐陵郡公。

敢作敢为的一代明君——魏孝文帝

南北朝时期的北魏，有一位很有才干又很有作为的鲜卑族皇帝，他就是魏孝文帝。

他认为要巩固统治，就要吸收中原先进文化，改革落后风俗。为此，他决心把国都从落后的平城（今山西人同市东北）迁到发达的洛阳。

孝文帝知道一定会有人反对迁都。于是召集大臣，假称攻打南朝。以任城王拓跋澄为首的文武大臣以为真的要打仗，纷纷反对。孝文帝生气地说："国家归我所管，你任城王还想出来挡驾吗？"

"国家是归你所有，但作为国家大臣，国家之事，不能不管！"拓跋澄也不示弱。

孝文帝见僵持不下，便说道："既然大家意见不一，那就先放一放吧，你们回去再考虑考虑，然后我们再商量。"

退朝后，孝文帝把拓跋澄单独叫来，对他说："刚才我向你发火，是为了吓唬大家。我觉得平城不是个治理国家的好地方，保守势力很大，我想迁都洛阳，迁都有利于巩固我们北魏统治。我要南伐就是想带大家迁都中原，你看怎么样？"

拓跋澄这才领会了孝文帝的意图，说："您的想法我很支持，你就干吧，看保守势力还能怎样！"

"你真是我的心腹之臣。"孝文帝非常高兴。

孝文帝率 30 万大军，进驻洛阳。此时，正值深秋，阴雨连绵，行军艰难，大家叫苦不迭。孝文帝明明了解这些情况，却执意继续前进。大家本来就不想南伐，趁着雨天，纷纷劝他不要前进。孝文帝说："南伐大计早已确定，军队已走了这么远，你们还想反对吗?"

"南伐的事，大家都不愿意，这是你一个人的主张。"大臣拓跋山说道。

"我苦心治国，而你们这些人，却一再反对，这是什么意思?"孝文帝有些生气。

这时又有大臣上前反对。

孝文帝对大家说："兴师动众，非同小可。无功而返，如何向后人交待? 既然你们不想南伐，那就索性把国都迁到这里，总之不能白出来一趟。"

当时上自大臣，下至士兵，大都不愿意迁都，但迁都总比打仗好，所以也只好表示同意。迁都洛阳的事就这样定了下来。

孝文帝把洛阳安排好后，便派拓跋澄回平城，向王公贵族宣传迁都的好处。后来，他又亲自回平城劝说。贵族中反对迁都的人还真不少，他们搬出一条条理由，反对迁都。孝文帝对他们说："平城地处偏僻，气候寒冷，风沙常起，稍有天灾就得逃荒，有时灾情严重，平城街上就有饿死的人。而洛阳地处发达的中原地区，是汉族政治、经济、文化的中心，迁都洛阳对我们鲜卑族只有好处没有坏处。"

见孝文帝这样说，反对迁都的人也就无话可说了，不久便正式迁都洛阳。

知人善任的明君——隋文帝

隋文帝名叫杨坚，是隋朝的开国皇帝。他是一位知人善任、倚贤治国的明君。

大臣高颎很有才华，深受隋文帝的赏识。他负责营建新都时，不怕寒暑，每天坐在工地旁的一棵老槐树下，指挥修建。

隋文帝

新都建成后，本来那棵老槐树应该砍去，隋文帝却嘱咐保留下来，以纪念高颎办事勤勉可靠。后来有人多次向隋文帝说他坏话，都被隋文帝驳了回去。古语说得好："士为知己者死。"高颎没有辜负隋文帝的信任，兢兢业业，帮助隋文帝把国家治理得井井有条，还向隋文帝推荐了苏威等贤能之士。

隋文帝让苏威辅导太子，参议朝政，掌管钱粮。苏威认为自己名气小，不能担此重任。隋文帝则对他说："大船可以载重，骏马可以远行，你的才能抵得上几个人，所以你要做几个人的事。"苏威这才接受下来。

一次，苏威入宫奏事，见宫中用白银做幔帐钩，就诚恳地对隋文帝说："宫中风气，影响全国。宫中节俭，全国就节俭，宫中奢华，全国就奢华。千万不能小看这个问题。"隋文帝点头称是，下令把宫中没用的装饰品全部拆除，一切从俭。

后来隋文帝得了痢疾，需要女人化妆用的铅粉入药，竟因皇妃和宫女无人使用，而无法找到。

大家见隋文帝生活如此节俭，自然不敢挥霍。这样，从上到下，形成了一股纯朴节俭的风气。

隋文帝曾说："苏威遇不到我，就无法施展他的才华，默默无闻；而我得不到苏威，也就不会得到他的忠心帮助，把国家大事办好。"

正因为隋文帝善于用人，才能使一大批才华横溢的人汇集在他的周围，帮助他完成统一天下的大业。

女扮男装代父从军——花木兰

木兰据说姓花，是商丘（今河南商丘县南）人，从小跟着父亲读书写字，平日料理家务。她还喜欢骑马射箭，练得一身好武艺。

隋恭帝义宁年间，突厥犯边，皇帝要征兵抵抗强敌入侵。有一天，衙门里的差役送来了征兵的通知，要征木兰的父亲去当兵。木兰的父亲年纪大了，怎么能参军打仗呢？木兰没有哥哥，弟弟又太小，她不忍心让年老的父亲去受苦，于是决定女扮男装，代父从军。木兰父母虽不舍得女儿出征，但又无他法，只好同意她去了。

花木兰的事迹流传至今，主要应归功于《木兰辞》这一民歌的绝唱。这篇长篇叙事诗歌颂了花木兰女扮男装替父从军的传奇故事。诗是这样写的：

昨夜见军帖，可汗大点兵。军书十二卷，卷卷有爷名。阿爷无大儿，木兰无长兄，愿为市鞍马，从此替爷征。

东市买骏马，西市买鞍鞯，南市买辔头，北市买长鞭。旦辞爷娘去，暮至黄河边。不闻爷娘唤女声，但闻黄河流水鸣溅溅。旦辞黄河去，暮宿黑山头。不闻爷娘唤女声，但闻燕山胡骑鸣啾啾。

万里赴戎机，关山度若飞。朔气传金柝，寒光照铁衣。将军百战死，壮士十年归。

……

木兰随着队伍，到了北方边境。她担心自己女扮男装的秘密被人发现，所以加倍小心。白天行军，木兰紧紧地跟上队伍，从不敢掉队。

夜晚宿营，她从来不敢脱衣服。作战的时候，她凭着一身好武艺，总是冲杀在前。从军 12 年，木兰屡建奇功，同伴们对她十分敬佩，赞扬她是个勇敢的好男儿。

战争结束了，皇帝召见有功的将士，论功行赏。但木兰既不想做官，也不想要财物，她只希望得到一匹快马，好让她立刻回家。皇帝欣然答应，并派使者护送木兰回去。木兰的父母听说木兰回来，非常欢喜，立刻赶到城外去迎接。弟弟在家里也杀猪宰羊，以慰劳为国立功的姐姐。木兰回家后，脱下战袍，换上女装，梳好头发，出来向护送她回家的同伴们道谢。同伴们见木兰原是女儿身，都万分惊奇，没想到共同战斗 12 年的战友竟是一位漂亮的女子。

木兰代父从军的事迹广泛流传，到了唐代，她被追封为"孝烈将军"，人们还为她设了祠堂，以作纪念。

以哭避祸得平安——姚崇

唐 代的姚崇原名元崇，字元之。陕州硖石（今河南省三门峡市）人。开元元年，因避年号讳，又改名姚崇。姚崇是三朝相国：女皇武则天统治时，姚崇官至凤阁侍郎；武周统治结束后，姚崇又被唐睿宗拜为兵部尚书；玄宗李隆基登位初期又诏封姚崇为兵部尚书，后又加封为梁国公。

姚崇自幼为人豪放，崇尚气节。他才干出众。进入仕途后，一帆风顺，青云直上。武则天时，官做到了夏官（即兵部）郎中。

在当时纷乱的政治时局中，姚崇之所以能佐政三帝，就在于他有很高的生存自保能力。

在唐中宗时期，女皇武则天身患了重病，这时宰相张柬之等人企图利用这个机会诛杀宠臣张易之、张宗昌兄弟，并胁迫武氏退位。当时姚崇任灵武道大总管，刚从驻地返回京城，张柬之等人就劝他也加入到这次政变行动。

姚崇身为老臣，对李氏江山深有感情，于是就答应了这件事。

后来政变成功，姚崇因此被封为两县侯。武后被迫禅让后在上阳宫被软禁了起来，唐中宗率领朝中大臣前去请安。这时，曾参加密谋的张柬之等几个有功的人都兴高采烈，穿着华丽的官服，在武则天面前显尽了威风。唯独姚崇躲在一边，痛哭流涕地大哭了起来。

张柬之等人感到奇怪，说现在逆贼已被铲除，高兴还来不及呢！你哭什么啊？姚崇却仍旧哭而不答。

落魄而被人奚落的武则天也在一旁说姚大人，有什么可哭的呢？

　　姚崇听武则天问话，哭得更伤心了，他哭泣着说为臣参与了讨伐行动，不足以论功图报。只是以前侍奉皇太后久了，而今将要离别旧主，便越想越伤心啊。这也是为臣尽的最后一次孝心了，您就让我痛痛快快地哭吧。

　　姚崇说完又痛哭起来，哭声甚悲，以致铁石心肠的武则天不禁也因之流下泪来。

　　后来，武则天的侄子武三思与韦后等勾结起来乱政，张柬之等 5 人皆都被害，唯独姚崇幸运地活了下来。这时，人们才理解姚崇当年之所以要在武则天面前痛哭的良苦用心。

不迷信妙语服人——狄仁杰

$\underset{\text{唐}}{}$ 朝武则天执政时期，狄仁杰曾先后任大理寺丞相、侍御史等职务，一生破获无数冤案、奇案，他为官刚正廉明，执法不阿，兢兢业业，在刚刚升任大理丞相的一年中竟然判决了大量的积压案件，涉及近两万人，竟使京城无冤可诉者，一时名声大振，成为朝野推崇备至的断案如神、摘奸除恶的大法官。

为了维护封建法律制度，狄仁杰甚至敢于冒犯龙颜直谏。因而后人对他的评价极高，而关于他的传说也有很多。

狄仁杰任度支员外郎的时候，有一次皇帝将要巡视汾阳，狄仁杰奉命前去筹办皇上旅途中的供应，因为古代皇帝出巡时，沿途需要不断供给各种食物、水果等。

狄仁杰

正当狄仁杰忙着准备的时候，并州长史李玄冲前来报告，说："狄大人，我们事先安排皇上所走的路线要经过妒女祠。"

狄仁杰不明白这有什么不妥，疑惑地问："怎么，有何不妥？"

李玄冲继续说："民间传说凡是穿着华贵衣服的人和大队车马路过

妒女祠的，一定要遭到雷轰风袭。所以以往如果有结婚的队伍或者达官贵人回乡省亲的大队，都会绕过这妒女祠，以防不测啊。如今不如我们赶快通知皇上的卫队，改路而行吧。"

狄仁杰听到这里，知道这民间传说不足为信，肯定是不怀好意的人在麻痹百姓而造的谣言，以吓唬人们。于是就对李玄冲说："天子外出巡幸，千车万马，声势浩大，皇上乃是上天的儿子，天上的神仙都要对他十分尊敬，风伯要为皇上清除前行的灰尘，雨师要为皇上清洒前行的大道，这妒女只不过是个普通的小仙，哪敢跑出来加害皇上，所以皇上根本不需要回避什么啊！"

李玄冲听后，也觉得狄仁杰说的有道理，就不再坚持己见了。后来皇上巡幸经过此地的时候，果然相安无事。

犯颜直谏死方休的宰相——魏徵

唐朝名臣魏徵，少年丧父，家境贫寒。他胸怀大志，喜欢读史书，而且胆识过人。他参加了轰轰烈烈的隋末农民大起义。起义失败后，投靠李世民。因敢于直言，深得李世民的赏识。李世民当上唐朝皇帝后，他任谏议大夫，专门给皇帝提意见。后来做了宰相。

魏徵在做谏议大夫的时候，忠于职守，积极为李世民出谋划策，辅助他治理国家。

李世民即位之初，对于能否把大乱后的国家振兴起来，缺乏信心，觉得"大乱之后，不易治理"。魏徵给李世民鼓劲说："大乱之后是容易治理的，就像容易给饿急了的人准备食物一样，随便弄点食物就可解决问题。对于国家来说，只要我们稍有作为，国家就会有起色"。还说："圣明的人治理国家，很快就会见成效，这就像发出声音后，立即就会有回声一样。"

有一位大臣指责他，说他是个书呆子，只能扰乱国家，劝李世民不要相信魏徵的话。魏徵列举历史事实，驳得那位大臣哑口无言。他又建议李世民减轻赋税和徭役，让百姓休息调整，把精力放到农业生产上。李世民听从了他的意见，坚定了治好国家的信心。

李世民知道魏徵博通古今，敢于说实话，常向他请教为君之道。他问魏徵："君主怎样才能明智，怎样则会昏庸？"魏徵答道："兼听则明，偏听则暗。君主如果博采众议，奸臣就蒙骗不了君主，下面的情况也会上传到皇上的耳朵里。"李世民点头称是。

魏徵对李世民做得不对的事儿，也敢反对。

一次，李世民想把一位才貌俱佳的郑姓女子娶做妃子，准备工作已做好。魏徵听说该女子已订婚，便向李世民劝谏道："皇上身居亭台楼阁，应该想到让百姓有安身的房子；吃着美味佳肴，应该想到让百姓吃上饱饭；拥有众多的妃子，也应该想到让百姓及时娶妻成家。现在这女子已有婚约，皇上要将她娶入宫内，哪里符合为君之道！"一番话说得李世民痛心疾首，打消了娶郑女的念头。

李世民巡视洛阳城，不满意下面的接待，大发脾气。魏徵便对他说："隋朝的皇上经常责备下面招待不周，毫无节制地追求精美食品，结果导致灭亡。皇上您应当约束自己。今天的招待很充足，如果认为今天招待得不充足，那么就是万倍于今天的招待也还是不足呀。"李世民惊呼道："你说得太对了。若不是你，我不会听到这样的话。"

魏徵的劝说也有使李世民不快的时候，甚至气得李世民说出"总有一天要杀了这个乡巴佬"的话来。不过，更多的时候，李世民则是非常地器重他、赏识他。李世民曾对群臣说过："自从我即位以来，尽心尽力帮我安国利民，不顾我的情面，指出我的过错的，就数魏徵了。"

魏徵去世的时候，李世民痛哭流涕，感叹道："铜镜可端正衣帽；把历史作为镜子，可以了解国家的兴亡；把人作为镜子，可以知道自己做事的得失。我曾经有过三面镜子，用以防止犯错误。现在魏徵去世了，我失去了一面镜子。"

魏徵生前对李世民可说是知无不言，言无不尽，前后共上书200余事，在临终时，遗书里还不忘给李世民提建议。他死后，李世民从他家中得一信函，其中提到："天下的事情有好有坏，任用良臣则国家安定，任用奸臣则国家衰落。如果君主能去掉奸臣，任用贤臣，国家就一定会兴盛起来。"这可以说是魏徵的最后建议了。

因节俭而众人服从——杨绾

杨绾是中唐时期的宰相，在职期间政绩突出，最让人称道的是他的节俭之风。唐肃宗时，他任中书舍人之职，按照惯例，他因为年龄大而被尊为舍人中的"阁老"，而且中书省的办公官署及官员俸禄等款项，杨绾可以分得 4/5。但他却不这样认为，他觉得同一个品级的官员应该享受同样的待遇，不应再以年龄排出等级，这样不利于年轻的人发挥才干，也不利于国家，所以他便把办公官署及其他俸禄平均分给所有的中书舍人，以示公允。这样他使中书省的所有人对他极为尊重，大家齐心协力，效率明显高于其他部门，而且杨绾的为人也受到朝廷上下一致赞誉。

到了唐代宗年间，杨绾又因政绩突出升至吏部侍郎，专门负责考核官吏，以决定是提升还是降低官职，实权很大。但杨绾却从不居官自傲，而是公平考选所有官员，精选能人干才，受到众人称赞。

当时有个叫元载的权臣掌握朝廷大权，满朝文武官员都去迎合巴结他，唯独杨绾不畏权贵，也不怕孤立受到排挤，从来不去私访拜会元载。而元载对他也存有戒心，虽然表面很敬重他，实际在心里对他极为疏远，后来还找了个机会将杨绾明升暗降，让他做了国子监祭酒这个没实权的官职，但社会舆论却更加倾向于杨绾。等到元载因为犯罪被诛杀后，杨绾又被拜为中书侍郎，同中书门下平章事，这便是宰相之职。诏令公布之日，朝野上下一片庆贺之声。

因杨绾素来俭朴，品德高尚，所用车马的装饰也极为简单，并且他品德高尚，从不居官自傲，在选择官吏时也不徇私情，公平合理。由于杨绾的威信和俭朴美名，他出任宰相没有多长时间，朝廷中俭朴办事的风气就形成了。

当时的御史中丞崔宽，是剑南西川节度使崔宁的弟弟，家中有万贯财产，不仅平时吃穿用行极为豪华奢侈，而且他还在皇城南边修了一栋别墅，园中亭台楼阁无数，式样也十分讲究，人称"天下第一"。但在杨绾上任这天，因为杨绾的简朴作风在朝廷的影响，崔宽意识到自己的行为和当时丞相的作风相差太大，就默不作声地把别墅拆掉了。

当时有个叫黎斡的京兆尹很受皇帝宠信，每次出门都要带一支很壮观的随行队伍，光马夫就达100多人。在杨绾拜相的诏书下达后，黎斡马上将马夫数量下降到了10多人。

杨绾在军事上的影响也是如此，当时唐朝国力还算强盛，军队在很多方面都很豪奢，军中的娱乐活动非常多。但管军事的中书令郭子仪听说杨绾拜了宰相，便也下令将军营中的音乐减掉4/5，以示节俭。

其他官员也因为杨绾拜相而自觉地节俭起来，可见杨绾的影响之大。其实，杨绾拜相本身就是一道下令节俭的诏书，他以身作则，直接引来了一个国家的倡俭作风。

单骑退敌兵——郭子仪

唐代宗永泰元年，回纥与吐蕃两大外族联军进攻长安。此时，郭子仪正在泾阳驻守，手下没有多少兵力，他知道回纥与吐蕃内部颇有矛盾，决定采取分化敌人的办法，于是派部将李光瓒去回纥游说。

李光瓒见了回纥的统帅说："郭令公派我来问你，回纥本来和唐朝友好，为什么要听坏人的话，来进攻我们呢？"回纥统帅不信道："听说郭令公早已被杀，你别骗人了。"

李光瓒回到唐营，把回纥人的怀疑向郭子仪汇报了。郭子仪说："既然这样，我就自己去走一趟，也许能劝说回纥退兵。"

将领们都觉得这是个好办法，但又认为让元帅亲自到敌营去太冒险。郭子仪说："眼下敌众我寡，要真打起来，不但我们性命难保，国家也要遭难。我这回去，如果成功说服他们，那就是国家的幸运；即使我遭遇了不幸，还有你们在嘛！"

说完，郭子仪就孤身一人，策马奔向回纥大营。回纥人大惊，在阵前警戒起来。郭子仪卸下盔甲，扔下铁枪，纵马上前。回纥统帅看清来人，说："不错，果然是郭令公！"都下马作揖。郭子仪也跳下马，上前握住回纥统帅的手，责备他进军侵略。一番谈论之后，回纥统帅终于被说服，并与郭子仪订立了盟约。

郭子仪单骑访回纥营的消息，传到吐蕃营里，吐蕃将领害怕唐军和回纥联合起来袭击他们，连夜带着大军逃跑了。郭子仪与回纥合兵追杀，大胜而回。

"地道战"破敌——李光弼

公元 757 年，叛将史思明、蔡希德带领 10 万大军，趁着太原守将、唐朝河东节度使李光弼主力不在，前来攻城。

史思明命令手下在城外建起飞楼，蒙上木板作掩护，临城筑土山，想登上土山后攻入太原城。李光弼见对方忙着筑土山，想出一条妙计。他让手下将士从城内钻地，将敌军筑的土山下面挖空。

这天，史思明在城外设宴，边喝酒边观看歌舞。歌舞杂技轮番上场，史思明的部将们看得如痴如醉。李光弼派来的人却沿着地道，慢慢靠近史思明的戏台，然后猛地钻出地面，捉走了台上的表演者。

史思明大吃一惊，急忙离席。自此，史思明手下的官兵个个如惊弓之鸟，连走路都瞪圆眼睛盯住脚底下，唯恐自己跌入坑中。

唐军围着史思明军营底下挖好地道，然后搬来木柱一一支撑，防止局部塌陷。一切准备就绪，死守多日的李光弼派人去见史思明："太原城内一片空虚，我们已支撑不住，请求允许投降！"

史思明大喜过望，约定了受降日期。到了那天，李光弼一面派将领带人出来假降，一面暗暗派人迅速抽掉敌营下面地道里的撑木。

史思明手下将士正抻长脖子看热闹，脚下突然塌陷，一下子死了 1000 多人。顷刻间，李光弼手下将士在太原城头击鼓呐喊，派出铁甲骑兵冲向敌营。一场恶战之后，唐军俘虏和歼灭敌兵几万人，史思明带着残兵败将落荒而逃。

威震辽国的杨无敌——杨继业

杨继业，又叫杨业。在民间传说中，被尊称为杨老令公。他从小练得一身好武艺，骑马射箭，样样都行，立志要驰骋战场，报效国家。20岁时，离家参军，当了一名小军官。因作战勇猛顽强，博得"杨无敌"的美誉。

北宋王朝建立不久，辽国军队南侵，熟谙边疆事务的杨继业应召前往边关镇守，抗击辽军。当时正值寒冬季节，杨继业不顾风雪严寒，亲自带兵修城备战。到了第二年春天，辽军进逼雁门关。杨继业知道，雁门关事关重大，决定死守雁门关。

可是，杨继业的军队只有几千人，辽军却有数万人。大敌当前，杨继业采取了避实就虚、出奇制胜的战术。与自己的两个儿子分兵三路，从雁门关西口出发，抄小道绕至雁门关北口，从辽军的背后发起猛烈攻击，辽军阵脚大乱，死伤惨重，连损大将。雁门关之战，狠狠打击了辽军，宋、辽之间出现了暂时的和平。

过了一段时间，宋朝皇帝决心收复失地，派出了东、中、西三路大军出征。杨继业担任西路军副统帅，统帅是潘美。

北征开始，并非主力的西路军捷报频传，不到两个月，先后收复云、应、寰、朔四座州城。但作为北征主力的东路军，急功近利，全军溃败，整个战局陷于不利境地。在这种情况下，朝廷下令放弃刚刚收复的云、应、寰、朔四州，由西路军担任掩护任务，保证主力部队撤还和四州百姓内迁。

应、寰二州相继失陷，云、朔二州也被辽军切断了同内地的联系。为了完成任务，杨继业建议主帅潘美，派精兵袭击辽军防守薄弱的应州，引诱远在寰州的辽军主力回师援救，以便掩护云、朔二州百姓内迁。但在将领研究作战方案的会上，由皇帝亲信担任督战的监军，却坚持要西路军与辽军硬拼。杨继业根据当时的形势，反对硬拼，主张智取。

监军挖苦杨继业说："将军号称'无敌'，怎么竟如此胆小？难道还有别的想法不成？"杨继业听罢，气愤地说："我并非贪生怕死，只是时机不成熟，不想让将士白白送命。你既然代表朝廷决定这样做，我现在就遵命出征。"临行前，杨继业对主帅潘美说："请潘大帅在陈家口设下埋伏，等我将敌人引到这里时，狙击他们。"

杨继业率军与辽军主力交战，辽军企图将宋军引入包围圈一举消灭。身经百战的杨继业看出了敌人的诡计，但为了赢得时间，掩护主力部队撤退和百姓内迁，他将计就计，与辽军周旋。

等他估计时间已经差不多了，才杀出重围退到陈家口，但却发现陈家口一个宋军也没有。眼见尾随而来的辽军，杨继业知道已经陷入绝境。为了不让部下一同送死，便对他们说："你们都有父母妻子，同我一起死，无益于事，不如赶快逃回，向朝廷报告这里的战况。"将士们被他的话所感动，谁也不愿离去，纷纷表示愿意同生共死。

于是，杨继业带着部队，与追上来的辽军决战。士兵越战越少，杨继业却面无惧色，左右拼杀。辽军主帅也十分钦佩杨继业，下令对杨继业只能活捉，不许杀害。激战中，杨继业遍体伤痕，鲜血染红了战袍，仍冲杀不止。最后，终因战马负伤而被俘。

杨继业被俘后，英勇不屈，誓死不降。他感叹道："我忠心报国，却遭奸臣暗算。军队打了败仗，我无脸面见江东父老！"随后，绝食而死。

杨继业以身殉国，他的英雄事迹和爱国精神却一直为百姓传颂。传统剧目《杨家将》描写的便是杨继业一家为国抗敌的故事。

刚正廉洁，国之栋梁——寇准

寇准是北宋人。自幼丧父，家境贫寒。在母亲教养下，刻苦读书，19岁考中进士，步入官场，从小小县令当到宰相。他做官不顾个人荣辱，忠心耿耿，刚正廉洁。

当他还是一名普通朝廷官员的时候，就敢于同权贵做斗争，为百姓鸣不平。

有一年春天，天下大旱，皇帝召集群臣商讨抗旱对策。大家都说："旱灾同水灾一样都是自然灾害，是天命，非人力所能抗拒，希望皇上不要为这事儿忧虑，一切都会过去。"唯独寇准说："世间之所以有旱灾，当然是自然造成的。不过我们为官的，理应忠于职守，在旱灾发生之前，就要有所准备，把灾害控制在最小的程度。旱灾发生后，要向灾民发放粮食，组织灾民生产自救。"然后，寇准把话锋一转，对着在朝的大臣们说道："可是现在，我们这些朝廷官员一个个蝇营狗苟，尽干些利己害国的事情。刑罚也不明。"皇上没想到寇准会说出这样一番话来，气得他还没等寇准把话说完，就拂袖而去了。

皇帝回到寝宫，一边生气，一边思忖寇准为何这样说。为了弄清究竟，派人把寇准叫来，问他所说的话到底指的是什么。寇准要求皇上把几位朝廷决事部门的大臣请来，他要当着这些大臣的面说明原委。皇上答应了。人一到齐，寇准便说道："一位平民的儿子犯了贪污罪被处死，一位副宰相的弟弟盗用国家财产千万以上，却只挨了一顿板子，然后又恢复了职务。这样的刑罚怎么能说是分明呢？"皇帝当场追问涉嫌的那位副宰相是否确有其事。那位副宰相支支吾吾说不出，只好承认错误。这件事使寇准在皇帝心中留下了深刻的印象。

后来寇准当上宰相。当年的秋天，辽国发兵 20 万南下侵宋。朝廷内部有些人见辽军来势凶猛，就鼓动皇帝迁都逃跑。而寇准坚决反对，建议皇帝亲自出征、指挥战斗，他指出："如果皇上亲征，敌人一定会被我们的声威所吓退；如果我们放弃京城，迁都他处，人心一定不稳，敌人还会长驱直入，到那时我们的大宋江山可就要丧失了。"

为了保住大宋江山，皇帝只好同意寇准的建议，亲征抗辽。可在北上途中，皇帝获悉辽军依然步步进逼，并没有被吓退的迹象，便想打退堂鼓。寇准赶忙劝道："现在这个时候，皇上只可进尺，不可退寸，否则我军必乱阵脚。"在寇准催逼下，皇帝只好再上征程。由于皇帝亲征，宋军士气大振，个个奋勇杀敌，终于遏制住了辽军的进犯，使中原百姓避免了辽军铁蹄的践踏。

寇准性格刚直，敢同奸臣斗争，所以，常遭陷害。皇帝又好坏不分，因而寇准屡屡遭贬，但这未能改变他做官的原则。因副相丁谓的请求，皇帝召回寇准，恢复宰相之职。对这位有恩于己的丁谓，寇准也并未丧失原则。

丁谓这个人专爱媚上，遭到正直大臣的鄙视。一次，寇准同丁谓在一起吃饭，寇准的胡子上沾了点菜汤，丁谓连忙伸手替寇准擦拭，向寇准献殷勤。寇准看不惯他的这一套，生气地对丁谓说："你身为朝廷大臣，怎么能干出这样的事！"言外之意是，你这人怎么专门溜须拍马。丁谓听出寇准话里有话，羞得面红耳赤，为此怀恨在心。

后来，丁谓勾结皇后，用栽赃陷害的办法，将寇准贬至荒无人烟的边地。一年后，62 岁的寇准便与世长辞了。

抛铜钱鼓士气——狄青

北宋皇祐四年，南方少数民族首领侬智高发动叛乱，自称皇帝。朝廷任命大将狄青为兵马大元帅，领兵前去讨伐。此次出征不但路途遥远，而且危险重重，所以很多人都不愿参加战斗，甚至有士兵偷偷溜走了。狄青看到这种情形，很是担忧，如果以这种士气去打仗的话，一定会全军覆没。怎么提高将士的士气呢？狄青想了一夜，终于想到了一个好主意。

第二天，狄青命令士兵筑起土台，然后披挂整齐，登台祭天。他掏出一把铜钱，对众将士说："此次出征，成败在天。如果上天保佑我们，那么我手中这100枚铜钱抛撒在地，一定会全部正面朝上。"

当时的铜钱正面上刻有"宋元通宝"4字，反面则无字。军师们听了狄青的话，十分吃惊，纷纷跪倒在地，请求他不要扔，因为他们担心万一铜钱反面向上，军队的士气会更加低落。狄青不听劝告，毅然将铜钱扔出，士兵们上前一看，居然所有铜板都是正面朝上。顿时，将士们无不欢呼雀跃，士气大增。接着，狄青又叫人拿来钉子，把这些钱原封不动地钉在地上，又拿出一块布盖在上面，并亲自在上面加上封条，然后对大家说："等得胜回来才可以拿掉。"

后来狄青的军队果然打了胜仗。得胜回来后，将士们拿起那些铜钱一看，原来每一个扔出去的铜钱都是两枚铜钱粘在一起的，所以，无论当时怎么扔都会是正面向上。大家都对狄青敬佩不已。

抗金名将，治军高手——岳飞

岳飞出生在北宋的一个农民家里。从小就志气逼人，喜欢史书，练就了一身好武艺。13岁，便能拉开300斤重的强弓。长大后，正逢金军南犯，为保家卫国，应征参军，投身于抗金的斗争中。

在军队里，岳飞高超的武艺和卓越的军事才能得到了充分的展示。

一次，他奉命率军前往汜水关抗击金军。汜水关地势险峻，是交通要道，也是金军南侵的必经关口。岳飞仅有500骑兵，军粮也不多。面对数倍于己的敌人，他当机立断，决定速战速决。他命令士兵，每人捆好两束交叉的柴草埋伏在进攻地点。等到半夜，让士兵点燃柴草四端，高高举起。金兵误以为宋军人数很多，首先在心理上受到了打击。宋军以迅雷不及掩耳之势冲杀敌人，金军大败。

金军在南侵宋朝的过程中，屡屡获胜，很重要的原因，是他们采取"铁浮屠"和"拐子马"相配合的阵式。这种阵式是以"铁浮屠"（三骑一组，人和马都披挂铠甲，看起来就像佛塔一样，佛家称塔为浮屠）居中，担任正面主攻；同时，又以骑兵"拐子马"为左、右两翼，配合进攻。这种阵式富于进攻性，杀伤力极强。

岳飞反复研究，找出了破解的办法。岳飞率军与金军主力于郾城决战时，金军统帅兀术仍用这种阵式。

岳飞心中有数，指挥镇定。命令自己的儿子岳云首先带兵出战，叮咛儿子灵活运用破解方法，一定要取胜回来。

岳云带着父亲的嘱托率兵冲入敌阵，他们挥动刀斧上砍敌头，下砍马足，专找薄弱环节下手，金兵人成了血人，马成了血马，只有招架之功，而无还手之力。金兀术看到"铁浮屠"和"拐子马"被破，痛苦地仰天长叹："我自起兵以来，都用这种阵式取胜，不曾想今天败得如此惨重，天意呀天意。"

岳飞治军极严，不允许部下有丝毫马虎，有功必赏，有过必罚。

岳飞手下有位名叫傅庆的军官，智勇双全，深得岳飞喜爱。岳飞把他当做朋友看待，傅庆也与岳飞很随便。一缺钱花，就找岳飞，直截了当地说："岳帅，傅庆没钱花了，借点钱吧。"岳飞也总是如数借给他。

傅庆入伍早，资格老，常常傲慢无礼。有一次，岳飞赏赐一位部将，傅庆趁喝醉了酒，口出不逊。岳飞非常生气，觉得不杀他无以服众，便高声说道："不杀傅庆，怎会让众人信服！"说完，就下令把傅庆给处决了。

岳飞在做到赏罚分明的同时，还注意用爱国主义思想教育将士。他常对下属说："不灭金人，何以为家！"在他教导下，将士们养成了冻死不拆屋、饿死不抢掠的严明军纪。所到之处，备受欢迎，百姓亲切地称他们为"岳家军"。打仗时岳家军奋勇向前，所向无敌，表现出极强的战斗力，以至于在金军中流传着"撼山易，撼岳家军难"的说法。

由于岳飞治军有方，英勇抗敌，所以人们称赞他道："勇敢、有谋、才艺双全，即便古代良将也不过如此啊。"

后来岳飞遭到奸臣秦桧的陷害，以"莫须有"（也许有）的罪名于1142年被杀害，年仅39岁。英雄虽去，但他的英名却永远留在了人们的心里。

一代天骄——成吉思汗

1162 年，漠北斡难河上游的蒙古孛儿只斤部的首领名叫也速该，他妻子名为岳伦。当时漠北高原有百余部落，他们互相攻战。这一年，也速该联合同盟击败了强敌塔塔儿部落，俘获敌酋铁木真，凯旋时，妻子岳伦正好生下一个男孩。为了纪念出征胜利，也速该便给孩子取名叫铁木真。

铁木真 9 岁时，父亲便给他定了娃娃亲。定亲以后，也速该按蒙古习俗把铁木真留在亲家家里，自己只身踏上归途，半路上遇上一群塔塔儿人举行宴会，也速该喝了他们下过毒的酒，回家后不久就死去了。他的部众们也都逃散了，铁木真和母亲及 3 个弟弟过起了饥寒交迫的生活。

铁木真长大后，决心替父报仇，不料却遭蔑儿乞部落袭击，妻子孛儿帖被掳走。挫折使铁木真日渐成熟起来，他开始运用谋略实现自己的计划，他首先向父亲的兄弟蒙古克列部首领脱里求援，把妻子的嫁妆黑貂裘献给他，接着又取得朋友札木合的支持，击败了蔑儿乞部落，夺回了妻子，获得了大量牲畜等战利品。铁木真初战告捷，声名大震，一些有识之士开始靠拢过来，他的力量逐渐壮大起来。

在长期的部落纷争中，铁木真不仅学会了谋略，还日渐谙熟兵法。他能运筹帷幄，也能身先士卒，冲锋陷阵；他的军队纪律严明，战术灵活。1206 年，在斡难河畔，蒙古各部首领召开了忽里勒台大会，一致推举 44 岁的铁木真为全蒙古的大汗，尊号成吉思汗。

丹心为国照汗青——文天祥

文天祥是南宋末年人，20岁中状元，步入官场，官至右丞相。

文天祥做官时，正值北方蒙古人建立的元政权南侵。在他出任右丞相主管军事的那一年，元军就已经打到离京城临安（今杭州市）30里的地方。朝中几乎所有的大臣都希望投降求生存。文天祥虽然力主抵抗，但终因力单势孤，不得不奉命前往敌营，商谈求和之事。

谈判时，面对强敌，文天祥镇定自若，不卑不亢。历数元政权多次违背协议南侵的事实，谴责元人背信弃义。提出只有元军首先后退，两国才可以坐下来谈判，不然的话，宋朝一定会抗战到底。元军主帅一听这话，便把脸沉下来，并以扣留、酷刑相威胁。

文天祥毫无惧色，平静地说："我作为南朝状元丞相，已将生死置之度外，正准备以死报国。你们休想以此来逼我签订丧权辱国的和约。"在历次宋朝来使当中，元军主帅第一次遇到态度如此强硬的人，一时竟没了主意。无理地将文天祥扣在元军大营。

身陷敌营的文天祥，原打算一死了之。但一想到南方大片国土仍然受到元军的威胁，随时有被占领的危险，便觉得责任重大，打消了自杀的念头，想方设法逃出敌营。在被押送北方的途中，文天祥同随从们乘机逃脱，回到了南宋，继续担任原职，率领各路军马，武装抗元。

在文天祥的领导下，南宋陆续收复了一些失地。不幸的是，在广东海丰的一次战斗中，他被元军俘获。元军如获至宝，将他押送元朝都城——燕京。

在燕京，文天祥被送进专门招待南宋投降官员的"会同馆"。在这里，文天祥仍然身穿南宋官服，庄严地面南而坐，表示誓死不投降。

元统治者为了利用文天祥，采用多种手段逼他投降。先是让一些已经投降了元朝的南宋人，包括曾当过南宋皇帝的赵显，作说客去劝降。接着，元朝的丞相阿合马亲自出面。在趾高气扬的阿合马面前，有人呵斥文天祥跪下，文天祥道："南朝丞相见北朝丞相，地位相当，怎么能用跪拜之礼。要跪拜，也得互拜，怎可单拜！"阿合马见此情形，对手下人说："跪不跪拜倒无所谓，反正他的死活掌握在我们的手里。"文天祥大义凛然地说："要杀就杀，说什么在不在你们手里。动不动就以死活威胁，算什么本事，堂堂一国之相，怎么能出此下策！"他的话把阿合马噎得无言以对，灰溜溜地走了。

元朝统治者见威逼利诱不成，便把文天祥从"会同馆"转移到刑部，戴上刑具，投进土牢，摧残他的身体，消磨他的意志，企图让他回心转意。

两年多的囚徒生活，没能动摇文天祥誓死不降的决心。抱着最后一线希望的元朝皇帝忽必烈亲自召见文天祥，劝他投降。他对文天祥说："我听说，你是南宋宰相，如果你肯归顺，我也让你做宰相。"文天祥已经不屑于同元人再费口舌，斩钉截铁地说："我只求一死！"忽必烈只好惋惜地摇了摇头，说："那也只好成全你了。"

第二天，文天祥被押上刑场。临刑前，他面南朝拜，痛心地说："我报效国家的机会，只能到此为止了。"说完，挺胸抬头从容就义。

正如他在《过零丁洋》一诗中写的那样："人生自古谁无死，留取丹心照汗青"，文天祥用自己的行动，谱写了一首民族正气歌。后人还在他当年被囚禁的地方，修建了文丞相祠，永久纪念他。

契丹族精英——耶律楚材

契丹族人耶律楚材是蒙古成吉思汗与窝阔台汗时的大臣。他身材雄伟，声如洪钟，长着一把漂亮的胡须，大家都叫他"长须人"。此时蒙古人还没有进入中原，但由于耶律楚材这一代人的努力，却为蒙古人入主中原，建立元朝国家，奠定了坚实的基础。

耶律楚材3岁丧父，由母亲抚养成人。少年时，喜爱博览群书，并以下笔行文神速闻名。曾以优异成绩被金朝召用，做了一名刀笔小吏。

成吉思汗率蒙古大军灭金，耶律楚材归顺成吉思汗，追随左右，后来做了宰相。

成吉思汗征战初期，因忙于战事，没能顾及制定约束臣民的制度，各地方长官随意杀人、兼并土地、掠夺财物。一个小小的县吏也杀人无数。耶律楚材听到后，难过得掉下了眼泪。他奏请成吉思汗禁止官员滥杀百姓，并多次建议："未经批准，不得随便征用民力，违者处死。"

在耶律楚材的极力敦促下，各地方的残暴行为才逐渐停止，百姓稍得安宁。

蒙古族是一个马上民族，当时生产和生活方式都比汉族落后。蒙古人强大起来后，有人向成吉思汗建议说："汉人的耕地没有用处，可以把汉人的耕地改作牧场，放牧牛羊。"耶律楚材反驳说："我们现在南伐，要靠汉人供给粮食。如果我们改耕地为牧场，我们就会无粮可吃。再说，将来进入中原，还得靠汉人的支持才能站住脚跟。如果现在得罪了汉人，必然会削弱我们的基础。"他又建议："设立官员，征收赋税，增加财力。"这建议得到成吉思汗的赞同。当汉族地区的粮食、财物源源不断地送来时，成吉思汗十分高兴，更加器重耶律楚材了。

成吉思汗去世后，窝阔台汗登上王位。他继承了成吉思汗的遗愿，继续带领蒙古大军南下，坚决要完成统一大业。当兵临汴梁（今开封市）城下时，占据汴梁的金人力抗蒙古军队。负责攻城的蒙古大将异常愤怒，大叫："破城后，一定要把城里人全部杀掉。"

耶律楚材听到这话，急忙上奏窝阔台汗说："我们艰苦征战数10年，渴望得到的无非是百姓和土地。如果得到了土地而没有了百姓，那么这土地还有什么用处呢?"窝阔台汗不语，他又接着说："各种能工巧匠，富裕之家，都聚集在汴梁城里。如果将他们斩尽杀绝，到头来，受损失最大的正是我们。"窝阔台汗觉得耶律楚材的话很有道理，就下令说："除金朝皇族需要治罪外，其余人等无须处罚。"这样，蒙古军队攻下汴梁城后，竟得147万人，从而保存了大量的劳动力，对经济发展起到了积极的作用。

耶律楚材以他卓越的才能，积极为统一天下出谋划策，所以窝阔台汗视他为国家的栋梁。

勤勉治国的皇帝——忽必烈

忽必烈是蒙古英雄成吉思汗的孙子。他在先人业绩的基础上，创建了地域空前辽阔的国家——元朝。后人称他为元世祖。为了巩固这个庞大国家，他竭尽全力，以先进的方式进行治理。

忽必烈出身蒙古贵族，却推崇汉族的先进文化。建国后，他果断地以农业为立国之本，用汉人的统治方法治理国家。蒙古族元老们质问他："本朝的老规矩与汉人统治方法不一样，现在一切都遵从汉人的治国之道，用意何在？"忽必烈坚决地说："就目前形势来看，非得采用先进的汉人统治方法不可。"他坚决贯彻汉人统治方法的政策，得到汉族上层人士的支持，对于缓和民族矛盾，稳定社会秩序起到了积极的作用。

忽必烈

蒙古族打天下靠武力，忽必烈却极力主张以文治国，禁止杀害和骚扰百姓。他继位前，曾奉命带兵进攻大理。进军途中，一位名叫姚枢的幕僚给他讲了一个故事。故事说的是北宋皇帝赵匡胤派大将曹彬攻取南唐，军纪严明，不杀无辜，因而进军顺利的事情。忽必烈深受启发。

第二天一早，忽必烈对姚枢说："你昨夜说曹彬不杀无辜的事，我要做到，我一定能做到!"果然，攻下大理后，他下了严禁滥杀的命令，让人写到旗子上，传到大街小巷。城里居民因此免遭杀害。继位后，又多次发布命令，禁止扰民和侵犯汉人土地。

忽必烈深知贤良忠正之臣对国家建设的重要性，所以求贤若渴。他曾声言要"招揽忠义之臣，排斥邪恶小人"，公开表示，希望能有像魏徵一样的敢提意见的忠臣。

有一次，他对管理法律的御史大夫们说："你们的职责就在于直言不讳，我有做得不对的地方，你们要毫不保留地指出来，不要害怕，言者无罪。"因此，他周围出现了很多贤良忠正之臣。

忽必烈注意减轻百姓的负担。他的指导思想是："符合百姓心愿的事要执行，不符合百姓心愿的事要禁止。"有一年，一位御史上奏忽必烈，造船、伐木、建寺院等工程动用民工数万人，耗费国力太大，应该停止。忽必烈当即下令："伐木、建寺院马上停止。造船一事，可与具体管事人员协商解决。"对于臣下滥用民力、滥征粮食的行为，他很是反对，曾说："百姓困苦你们不问，只知使用百姓，如果今年用之过度，明年的庄稼由谁耕种!"

忽必烈竭尽全力治理国家，在他执政的数十年里，社会有序，国家安定，出现了中国历史上空前的大一统局面。

招贤纳士，重视人才——朱元璋

朱元璋是明朝著名皇帝。他为把国家治理好，非常注意网罗人才，只要是有本事的人，就一定请来，刘伯温就是他硬请来的。

攻占江浙时，朱元璋问手下谋士："此地可有人才？"

"有。"谋士们答道。

"什么人？"

"进士刘伯温，此人聪敏过人，又很廉正。"

"多备些银两，快请他来，我要给他一个官做。"

谋士们立即前去聘请，但刘伯温却不为所动，谋士见他态度坚决，只好向朱元璋复命。

朱元璋听了汇报，心想：凭借自己的力量，诚心诚意招揽人才，竟有人不给面子，心里有些不快。但又一想，当年刘备请诸葛亮出山，还三顾茅庐呢，这才请了一次，就沉不住气了，哪能成大事。俗话说得好：心诚则灵。只要诚心去请，不怕他不来。接着又对谋士们说："你们知道朝中谁和他熟悉？叫熟人去好办事。"谋士们说："处州总制孙炎跟他熟悉。"

不一会儿孙炎被叫了来。朱元璋对他说："听说你和刘伯温很熟悉，我要请他来做个官，你一定要把他给我请来。"

孙炎一听要把刘伯温请来，反对说："刘伯温有才能不假，但他喜欢抗上，以前也做过官，可没干几天，就因与上级不和而辞职了。他对我们也没什么好看法，还骂过我们。用这种人，叫人心里不踏实。

一旦他谋反，对我们的危害可就大了。"

朱元璋笑着说："孙炎总制，请不必多虑。常言道：用人不疑。我们想用他，就得先信任他。只要我们不疑他，他就会相信我们。你去好好劝劝他，就说我一定要请他来。"

孙炎见了刘伯温，进行了一番推心置腹的长谈。刘伯温心想："朱元璋真是干大事的人，如今诚心请我，不能再推辞了。要是能帮上他的忙，也是一件好事。"于是前往受聘，并向朱元璋献了18条计策。

朱元璋见刘伯温果然是高人，非常高兴，立即下令建造了一座高级馆舍，让他住下，对他说："往后我治理天下的大计，就靠你刘先生了。"从此把他看成是心腹之人。

后来，刘伯温果然成了朱元璋身边的一名著名谋士，被誉为当朝的诸葛亮。

海之骄子，友谊使者——郑和

明 朝时出了一位闻名世界的航海家，他就是被人们称为三保太监的郑和。

郑和原本姓马，名叫三保，回族人，出生于云南晋宁。十几岁时，被劫掠到北方，做了明朝燕王朱棣府中的内侍。成年后，长得一表人才，文武兼备，有智有谋，深得朱棣的喜爱。又因在朱棣夺取皇位的过程中建有奇功，更博得了朱棣的信任。朱棣，即著名的永乐皇帝，把他放在身边，做贴身太监。还亲笔书写一"郑"字，赐他作姓，这样，他便由姓马改成姓郑，叫了郑和。

郑 和

郑和生活的那个年代，正是明朝经济发展、政权巩固、国力强盛的时期。朱棣是个好大喜功的皇帝，希望威名远播，产生了让外国前来"朝贡"的想法。他派郑和率船队出海远航，沟通与海外的联系。这就是历史上有名的"郑和下西洋"。

在近30年的时间里，郑和7次率船队远航西洋，到过30个国家。

7次远航中，以第5次行程最远、成就最大。这次远航越过了赤道，一直抵达非洲东岸。郑和也因此成为航海史上第一个发现非洲赤道以南东海岸的人。郑和还热情地邀请各国派使臣到中国来。当他的船队返航时，一些国家的国王或使臣，便带着特产搭船到中国访问。满剌加（今马来西亚）的国王和王后，曾随船到中国访问，受到永乐皇帝的热情接待。

郑和率领的船队，每到一地都与当地民众建立友好关系，颁布明朝皇帝的诏书，赏赐礼物。还带去大批中国特产丝绸、瓷器、铜铁器等，与当地人交易，换取宝石、珍珠、珊瑚、香料。各国民众把郑和的船称为宝船，渴望宝船的到来。船队所到之处，都受到热情欢迎和接待。一次，郑和的船队到达占城（今越南中南部），那里的酋长头戴花冠，身披锦花巾，乘着大象，在大小首领的簇拥下，亲自到城外，以最隆重的礼仪迎接他们。郑和与他的船队成了传播友谊的使者。

郑和下西洋的壮举，为世界航海史写下了光辉的篇章。他所率领的船队，有大船 60 多艘，中、小船 200 多艘。大船可乘千人，中船可乘数百人，船队航程之长，活动范围之广，在当时的世界上是绝无仅有的。在郑和完成这一壮举的半个世纪后，欧洲著名航海家哥伦布才开始远航探险活动。

如今，数百年过去了，人们并没有忘记这位在亚非人民之间播种友谊的"三保"。在他船队到过的一些国家或地区，建有"三保庙""三宝塔""三宝港""三宝井"等。他七下西洋的故事至今仍为人们所传颂。

为官一任，造福一方——况钟

况钟是明朝一位很有作为的地方官。他为官清正，关心百姓疾苦，做了很多利国利民的好事，深受百姓的爱戴。

况钟47岁时，被朝廷调到苏州任地方长官。当时苏州社会风气很坏，贪官污吏横行，苛捐杂税多如牛毛，百姓生活十分困苦，纷纷逃离家乡。

况钟上任后，便悄悄考查官吏的任职情况。一开始，下边送上的文件他一律批准。时间一长，有些人以为况钟也是个无能之人，便开始在他的眼皮底下干起了违法乱纪的勾当。对这些事，况钟在暗中看得明明白白，全部记录在案。一个月后，他把手下的官吏召到一起，开了一个会。

况 钟

在会上，他宣布了所掌握的一些官吏贪赃枉法的罪行，并当场处决了6名罪大恶极的官吏。把3名罪行严重的贪污犯押送京城审理，还撤换了一批无能的官员。

况钟这一举动对官吏震动很大，他们这才知道，况钟是个敢作敢为的长官，再也不敢随便干坏事了。老百姓看到贪官污吏受到惩罚，无不拍手称快。

随后，况钟又深入到下层去了解情况。在长洲，百姓纷纷反映官府收缴杂税太重，早已无力负担，被压得喘不过气来。有一种叫"备倭船"的收款摊派，更是害苦了人。

原来，苏州离海很近，经常受登陆的日本海盗的侵扰。所以，当地驻军便准备了一些船只，以反击日本海盗。由于人们都痛骂这些日本海盗是倭寇，所以便把防倭的船只称为"备倭船"。但官军经常故意把船弄坏，再以修船为名，对当地百姓进行勒索。

有个叫李让的军官，便经常到长洲来索要木材。长洲并不产木材，于是他就向百姓摊派钱款，然后到外地购买。谁要是晚交了几天，便抓起来殴打。没钱的，变卖家产也得交，弄得百姓苦不堪言。

况钟对此十分气愤。但是他是地方官，管不了军方。他调查核实后，直接上报朝廷，揭发李让等人的罪行，并建议由官府自行解决"备倭船"的费用。朝廷惩办了李让等人，并采纳了况钟的建议。这样，由百姓承担修造"备倭船"的摊派便被废止了。此后，况钟又废除了一些纯属搜刮钱财的杂税，大大减轻了百姓的负担。

后来，又出现了数千人联名状告强行征兵的事儿，请况钟为民做主，替百姓申冤。况钟非常重视这件事情，经深入查访，弄清了事情的真相。

原来，朝廷有个规定，凡当兵的死了之后，他的儿子必须替补。这一做法很不得人心，逃避兵役的人越来越多。朝廷不得不派人到各地去清理军籍，把应服兵役的人清查出来，让他们当兵。

派到苏州来的是一个叫李立的官员。李立一心要当大官，想在这事情上露一手。为了实现这个目的，他违反规定，把不该当兵的人也抓来充数。不服从的，便严刑拷打，强行征兵。苏州府协助清理军籍的官吏也随意抓人，敲诈勒索，借机发财。制造了许多冤案，甚至逼出了人命。

况钟把李立等人的罪行上报朝廷，朝廷派人复查，平反了大量冤案，安定了民心。为此，百姓都非常感激况钟，认为他是为民办实事的父母官。

况钟还领导百姓兴修水利，发展生产，救济灾民。在他的治理下，苏州百姓有了比较安定的生活。

况钟病故后，留下的只有书籍和日常生活用品，人们看了十分感动，认为他是天下少有的清官。他的许多故事至今仍在流传，传统剧目《十五贯》就是其中一例。

装糊涂造福扬州——蒋瑶

明朝时的明武宗朱厚照非常爱玩，经常借巡游的名义到处游荡，他有一次到扬州游玩，扬州知府蒋瑶少不得要接待圣驾，因为是皇帝出巡，当时朝中卫队都跟着出发，需要在 6 个站停留，每个站所需民夫差役约一万人，商议这件事的官员准备把夫役都集中在扬州，一时间弄得人心惶惶。

蒋瑶为人清廉方正，不肯横征暴敛来巴结皇上身边的那些小人，他考虑到这件事对百姓的惊扰和用度等多方面的因素，就只在每站设置 2000 人，轮流调遣迎送，比原来的计划要减少 4/5，因此其他的供应也都相应减少了。可以说蒋瑶做到了对皇帝的供应既不缺乏，又最大限度地减少了对百姓的惊扰。

当时明武宗宠信江彬和太监丘得这两个奸佞小人，他们仗皇帝之势对各地进行勒索，蒋瑶自然是他们的主要勒索对象，但蒋瑶不因他们的权势而动摇，都巧妙地给他们顶了回去。

有一天，明武宗外出游玩，碰巧钓到了一条大鱼，武宗开玩笑地说："这条鱼长这么大，真的很少见，至少值 500 两金吧！"当时江彬也在，为了进行勒索，也为了要报蒋瑶不给贿赂的一箭之仇，当即请求皇帝恩准把这条大鱼赏给知府蒋瑶，但是要他付款买鱼。皇帝不想拂了江彬的意思，笑了笑就要把这条罕见的大鱼赏给蒋瑶。江彬则趁机勒索知府付款买鱼。

蒋瑶一看便知是小人江彬要暗害他，可不买又不行，怎么办？看来只能装糊涂了，他便说回家向老婆要银子，不久后他却拿夫人的首饰和绸缎衣服进献到皇帝面前说："微臣的府库里已经没有一串钱，所以没有办法多交，这些首饰衣服是贱内的，就暂时拿去充鱼资吧?"武宗看到他是一个穷酸的儒生，又见到他拿自己夫人的衣物来，便微微一乐，也没有去理会计较什么。江彬虽然恨得咬牙切齿也没有办法。

他们看到一计不成，又生一计。一天，掌权的宦官发出文书，索取胡椒、苏木、奇香异品各若干种，而这些东西本地没有，于是他们就想利用这个来刁难蒋瑶，勒索丰厚的贿赂。蒋瑶要置办这些贡品势必要花很多的钱，如果不置办就是对皇帝的不敬，同样可以定罪，因此，蒋瑶如果不想花太多的钱又不想被定罪的话，就只有贿赂他们了。但是蒋瑶坚决不贿赂这些宦官小人，因此江彬等人要蒋瑶到其他的地方去买来供应皇帝。

蒋瑶则又装糊涂说："自古以来，供应皇帝的东西都是本地的出产，从来没有从外地买来供应皇上的道理。这些单子上列的东西都是出产在异域和偏远的地方的物品，却故意要让扬州供应，我还不知道有这样的事情。"江彬等人非常愤怒，要蒋瑶自己去向皇上回复这件事情。

蒋瑶并不惧怕，他写上禀帖，回复皇帝说扬州不产这些东西无法供应，并在下面注明：某物产于某处，扬州地处中土，产于偏远地方的东西扬州无法供应。因为蒋瑶写得有理有据，皇帝也没有责备他。

宦官们看到在富庶的扬州竟然没有捞到好处，非常不甘心，就又生出了一条计，一定要好好难为蒋瑶。于是那些宦官就奏明皇上要选宫女数百人，用来在皇宫伺候皇上，江彬等人要求要在民间进行选取。

蒋瑶不忍心惊扰百姓，就再次表现得很为难地对皇上说："扬州的女子都很丑陋，而且大量逃亡，如果一定要按皇上的旨意办，那么只有臣一个女儿可以进呈皇上。"

明武宗知道他的为人，知道他是为百姓着想，就下诏书不再选取宫女了。

装疯卖傻避祸端——唐伯虎

明朝著名的画家、文学家，"江南四大才子"之首的唐伯虎为人洒脱，个性放荡不羁，但很有才华。他年轻时就显示了杰出的绘画才能和写作才能，每年家乡的"比贤大赛"他都能拿到冠军，与他同时代的祝枝山等人都曾败在他的手下。一时间，唐伯虎的大名传遍了整个苏州，人们都称他为"苏州第一才子"。

不久，唐伯虎的大名就传到了宁王朱宸濠的耳朵里。宁王很有权势，他不仅得到了当时皇帝的宠爱，而且他还广施恩惠，笼络了大批的人才。不仅朝中官员大部分都是他的党羽，而且许多有才能的学子也纷纷投到他的门下。宁王听说唐伯虎是个人才，就打算将他请到府里去，可是唐伯虎这个人虽然喜欢享受，但是不喜欢过拘束的生活，不想依附权贵。所以，当宁王派人来请他时，他总是找各种借口推辞。唐伯虎越是推辞，宁王就越觉得他有性格，心里就越是喜欢他，想得到他。

这次，宁王又派人来请他，而且还带了许多礼物，里面包括历代的名书、字画，是宁王多年积累所得。唐伯虎看到这些珍品，着实喜欢得不得了，拿在手里就舍不得放下。看到宁王这么求贤若渴，唐伯虎不好再推辞，就接受了宁王的邀请。

唐伯虎来到宁王府后，也受到了非常的待遇，他被安排到内府里住下，享受着最优厚的待遇。唐伯虎休闲自得地住了半年，平日里和朋友们喝酒聊天，写诗作画，好不快活。宁王也不急于召见他，让他自由自在地过日子。

可是，唐伯虎表面上什么也不关心，实则暗地里处处观察宁王的一举一动。他查看到宁王倚仗自己在朝中的势力，干了不少见不得人的勾当。宁王看谁不顺眼，或者有人和他作对，他就会联合同党将他治罪。他宁王府的人也仗势欺人，欺压百姓，百姓们都叫苦连天。宁王还秘密培养自己的党羽和军队。唐伯虎由此判断宁王日后一定会造反，为了避祸，他决定装疯卖傻。

当宁王派人给唐伯虎送东西的时候，他便脱光了衣服，一丝不挂，赤身裸体地坐在地上，头发蓬乱，浑身涂满了脏兮兮的泥土，见到来人还傻笑。

来人见他这副模样，不禁恶心得要吐。唐伯虎还大骂来人，搞得那个人很没面子，只好匆匆忙忙地抱着礼物回去禀报宁王。宁王听说了这事，十分生气，说："谁说唐伯虎是个贤才？我看不过是个疯子，白白吃了我半年的粮食，把他赶出去！"

唐伯虎逃离宁王府不久，宁王果然起兵造反，结果兵败被杀，受牵连者竟有千人之多。

宁王聘请唐伯虎，只是做个招贤纳士的姿态，实则是要这些人才为他日后叛乱出力。唐伯虎看到这点，并认为宁王叛乱定不会成功，到时难免引来杀身之祸。于是他便想出了一条装疯卖傻的计策，这样既免除了宁王追杀的危险，又能逃脱受牵连的嫌疑。

虽死亦留清白在——于谦

明朝中期的一个秋天，生活在西北地区的一个叫瓦剌的蒙古部族，在头人的率领下，汇集数万精兵进犯大同等地。来势凶猛，一路攻城略地，所向无敌。明朝守边军队节节败退，毫无招架之力，朝廷震惊。

眼见大势不好，明英宗也顾不了许多，急急忙忙披甲出征，亲自率领 50 万大军迎战。两军交战于一个叫土木堡的地方，明军将士饥渴疲劳，仓促应战，死伤过半，英宗被俘。这便是历史上有名的"土木堡之变"。

土木堡明军惨败的消息传到京城，满朝文武大臣一片惊慌。这时兵部侍郎于谦站了出来，指出："国不能一日无主，现在皇帝被俘，我们不能坐等敌人来攻。"早已没了主张的文武大臣们，急忙问他怎么办。于谦说："我们与其坐以待毙，不如积极备战。"大家又问："怎么个备战法？"于谦说："现在当务之急是要重新立一个皇帝，以断敌人拿圣上作要挟的念头。"大家认为他说得很对，于是拥立英宗的弟弟为皇帝，这就是代宗朱祁钰，遥尊英宗为太上皇。

代宗登基后，召集群臣商议对策。翰林侍讲徐珵主张迁都逃跑。他说："土木堡一仗，国家精锐部队损失殆尽，敌人的大军所向披靡，不久就会打到北京城来，我们是无力防守的，应当赶快迁都以避敌人锋芒。"

于谦听了这话，非常气愤，说："应该将主张迁都逃跑的人杀掉。"

接着，他分析形势，指出："京城是天下之本，放弃京城就是放弃国家，必会造成人心涣散。宋朝南渡的教训，难道不值得我们吸取吗！而且北京有险可守，人心思战。目前，只要迅速召集各地军队来京，加强北京的防御，就一定能挫败来犯之敌。"他的主张得到了大多数人的赞同，也得到了代宗的认同。随后，代宗就任命他为兵部尚书，统辖各路大军，负责保卫京师的工作。

临危受命的于谦上任后，马上开始了紧张的备战工作。他一方面整顿军队，筹划粮草，一方面把聚集到北京的 22 万军队，分别布置在京城的九座城门外，用来加强城防。同时，发动京城百姓，拿起武器，参与保卫京城的战斗。

于谦料定敌人攻城，主力一定先打易攻难守的德胜门，所以，亲自驻守德胜门，迎击敌人的主力。于谦不怕敌人、积极备战的行为，极大鼓舞了士气。他又派总兵官石亨率军埋伏在德胜门外无人居住的民房里，准备袭击来犯之敌。

不出于谦所料，敌军主力果然直逼德胜门。于谦先让小股部队诱敌深入，当看到敌人毫无觉察地进入包围圈后，便一声令下，事先埋伏好的明军突然从两边冲出，杀得敌人人仰马翻，死伤无数。敌军主帅见德胜门无利可图，便调动军队转攻西直门和彰义门，但同样遭到明朝军民的痛击。在于谦的指挥下，北京军民英勇奋战，把敌人打得狼狈逃去。于谦又组织军队追击，一直将敌人赶出塞外。

北京保卫战虽然胜利了，但于谦并未居功自傲。皇帝赐给他一所新住宅，他说："国家多难，我怎能贪图享乐呢！"坚决推辞不要。

于谦在国家危难之时，敢于挺身而出，力担重任。平时为官，也公正无私，不避权贵，敢于同奸臣作斗争。于谦手下的总兵官石亨，为了巴结于谦，上书皇帝，请求封于谦的儿子为高官。于谦很生气，就对皇帝说："现在国家多事，我怎么能只顾私利呢？石亨身为大将，没听说他举荐一位贤人，提拔一位将才，却唯独推荐我这无功无才的儿子，这不合道理，我决不敢以自己的功劳为子女谋取好处。"

打这以后，石亨便对于谦怀恨在心。英宗被放回后，他便勾结朝中奸臣，以"谋反"的罪名把于谦给杀害了，史称"夺门之变"。

于谦这位功劳卓著、刚直不阿的忠良之臣，没有牺牲在抗击敌军的战场上，却冤死在奸臣之手，真是历史的悲剧。

"粉身碎骨全不怕，要留清白在人间"，这正是于谦一生的真实写照。

不畏强权敢直言的清官——海瑞

海瑞是明朝一位有名的清官，他一生公正廉洁，有"海青天"的美称。直到今天，戏剧舞台仍上演他的故事。

海瑞在淳安做县官的时候，有一天，本省胡总督的儿子，带着一帮人来到淳安，住进了专门接待公出人员的驿馆。

这位胡公子是个恶棍，依仗老子的权力横行霸道。到淳安后，没想到驿馆里的工作人员并没有特别接待他。骄横惯了的胡公子，哪里受得了这样的冷落，大骂驿馆的工作人员，还让手下人把驿馆负责人吊了起来。

海瑞知道后非常生气，决心要教训教训这位胡作非为的公子哥。但海瑞也知道，这位胡公子并不好惹，他的父亲不仅是自己的顶头上司，还和朝廷奸臣交往甚密。明来不行，只能暗斗。

海瑞想来想去终于想出了个好办法。

海瑞对手下人说："总督大人早就有令，要求各地控制驿馆开支，接待过往官员不许铺张浪费。他可是个清官，他的公子怎会这样呢？一定是坏人冒充总督公子来这里捣乱，赶快把他们抓来听候处理！"

很快胡公子一伙就被押到了县衙大堂。胡公子没想到会有人敢抓他，便又吵又闹。海瑞大声喝道："大胆狂徒竟敢冒充总督大人的公子，败坏总督大人的名声，还咆哮公堂，本县一定要重重处罚你！"无论胡公子如何辩解，海瑞一口咬定他是假冒的公子，喝令左右将他鞭打一顿，又将从这伙人身上搜出的1000多两银子没收充公，然后，把他们撵出了淳安。

胡公子跑回总督府后，哭着向总督告海瑞的状。对此海瑞早有准备，人一放走，他就写了一篇详细的报告给胡总督，说有人冒充他的公子大闹驿馆，败坏总督的名声。同时又让总督放心，说这件事儿已经被他妥善处理好了。胡总督看完报告后，气得大骂海瑞，可是他也知道理亏，张扬出去对自己不利，只好哑巴吃黄连，把儿子臭骂一顿了事。海瑞的声威从此更高了。

有一年，朝廷派出一个统管东南八省的盐政。这个盐政是当朝奸相的干儿子，他依仗权势到处敲诈勒索，仅在扬州一地就搜刮了二三百万两银子。他还大讲排场，光是轿夫就有 100 多人。

这家伙到了浙江后，假装正经地给各县发了个通知，说他是个俭朴的人，不喜欢拍马那一套，各地对他的接待应该从简，不可浪费百姓的钱财。海瑞早已听说这家伙一路上的丑行，心想，如果他来到淳安，百姓也得遭殃，不如想个办法干脆不让他来。

于是，海瑞就给那盐政写了封信。信中说："我们接到了大人的通知，要我们招待从简。可是据我所知，大人每到一地都大讲排场、花天酒地，如果您到淳安来，我真不知该如何是好，按大人的通知办吧，怕慢待了大人，大摆宴席迎接吧，又怕违背了大人的通知，请大人指点为盼。"

盐政见海瑞竟敢这样对待自己，非常生气，可又没什么理由来整治海瑞，只好不去淳安，免得去碰海瑞这颗硬钉子。

盐政受到海瑞的羞辱，当然不会就这样了事。一回京城，便让人诬告海瑞，免了海瑞的职。后来这位盐政因靠山垮了而被处罚，海瑞才被重新启用，调到京城，做了京官。

在京为官的一年多时间里，海瑞见朝廷日益腐败，心中非常苦闷。皇帝又整天琢磨长生不老之道，竟然 20 多年不理朝政，朝廷上下贪污受贿成风，百姓生活苦不堪言。为救国救民，海瑞决心冒死向皇帝进谏。他在给皇帝的奏折中，直言皇帝的过失和朝廷的种种腐败现象，指出："天下的百姓早就不满皇上的所作所为了，希望皇上能够自律。"

海瑞知道这份奏折会触怒皇上，甚至可能招来杀身之祸，但他觉得只要皇上能有所悔悟，自己就是死了也是值得的。于是，托付朋友帮他料理后事，自己还买了一口棺材抬回家中，随时准备赴死。

皇帝看了海瑞的奏折气得脸色铁青，下令说："赶快把海瑞抓起来，别让他跑了！"旁边的一位官员说："海瑞是个出名的正直人，早就知道冒犯皇上要犯死罪，所以连棺材都准备好了，不可能逃跑。"

海瑞被抓后，关进了死牢。可皇帝一直没下令处死他，因为他也知道海瑞说得对，杀了他会失去人心的。直到皇帝病死后，海瑞才得以平反。

从此，正直敢言的海瑞美名传遍了天下。

海瑞一生说真话，办实事，敢于面对强权，人们都说他是"铁汉"。去世时，百姓像失去了亲人一样悲痛，穿着孝服为他送葬，队伍长达 100 多里。

抗倭名将——戚继光

明朝时的东南沿海，经常有成群结队的日本武装海盗登陆为非作歹，他们抢劫财物，杀人放火，强占城镇。当地居民深受其害，苦不堪言，骂这些日本海盗是"倭寇"。

为肃清倭寇的侵扰，安定百姓生活，保卫国家领土不遭践踏，一时间涌现出许多抗倭英雄，戚继光便是其中著名的一位。

出身于军人世家的戚继光，从小就习武上进，勤学苦练。他也喜欢读书，凡是有助于自身修养的书他都读。懂得杀敌立功、报效国家的为将之道。希望有一天能为国家建功立业，干一番轰轰烈烈的事业。

戚继光实现理想的机会终于来到了。

由于倭寇猖獗，他被朝廷从山东调到东南沿海，担任抗倭将领。

戚继光带兵刚刚到达东南沿海，就在浙江的龙山遇到了武装的倭寇。戚继光立即指挥士兵占据有利地形，反击敌人。刚刚布置完毕，就有800多名头戴牛角盔，手提大砍刀的倭寇，在头人的带领下，分成三路，吹着号角，高声叫喊着扑了上来。

戚继光一见手下的士兵被这突如其来的阵式吓住了，便立即挺身而出，一个箭步跳上身边的石头上，嗖——嗖——嗖，连发三箭，冲在前面的3个倭寇头人应声倒下。士兵们士气大振，跟着戚继光杀向敌人。倭寇没了头人，顿时乱了阵脚，四处逃窜。戚继光的部队大获全胜，首战告捷。

又据消息报告，有一部分倭寇占据了一个叫做大田的地方，戚继光带领仅有的 1000 多士兵，前去解救。

当时天下着大雨，双方都按兵未动。3 天后，天刚刚放晴，倭寇见对手是战斗力极强的戚继光部队，便绕道逃跑。戚继光发现后，带领士兵快速赶到敌人后退的必经之地——上凤岭进行截击。

到了上凤岭，戚继光让士兵砍伐松枝作掩护，埋伏在山坡上，等候敌人的到来。倭寇果然向上凤岭窜来，他们见山坡上松林密布，不见人影，便放心大胆地走了过来。等他们走近时，突然松枝倒下，戚继光率领士兵杀了出来。倭寇一时晕头转向，以为是天兵降临，毫无招架之力，几乎全军覆没，只有跑得快的才捡了条命。

从此，浙江一带的倭寇基本上被消灭了，数年间没有倭寇敢到这里来抢掠。

几年后，倭寇又大举进犯福建。戚继光奉命赶到那里作战。

福建的海岸边，有一个叫横屿的小岛，倭寇占据它，作了大本营。小岛四周是海水环绕的悬崖，悬崖外边又到处是尖尖的石头。涨潮时，船就会被石尖撞坏；退潮时人又无法在上面行走。岛上倭寇凭借这进可攻、退可守的天然优势，经常出动，骚扰附近居民。

明朝官军与守敌相持了 10 年也没取得进展。戚继光到此，侦察敌情，测量地势，摸索潮涨潮落的规律，很快制定出了一个消灭守敌的良策。

一天早上，当潮水退到底部时，戚继光命令士兵用稻草铺在裸露出来的石头上，轻轻地走在上面，不出一点声响，避开敌人哨兵的注意，迅速靠近悬崖边，然后搭起人梯登上小岛，冲向睡梦中的守敌。

倭寇万万没想到戚继光的部队会神不知鬼不觉地登上小岛，只好仓促应战，但终究抵挡不住戚继光部队的锐气。经过数小时的激战，戚继光的部队斩杀倭寇近 3000 人，一举收复了倭寇占据了 3 年之久的小岛。从此，戚继光的大名令倭寇闻风丧胆。

后来，戚继光在其他抗倭将领配合下，一举歼灭了与倭寇紧密勾结的海盗吴平，结束了延续近 200 年东南沿海的倭寇之乱。

戚继光在与倭寇的战斗中屡次获胜，除了他具有杰出的军事才能外，还因为他训练了一支纪律严明、英勇善战的军队，人们亲切地称之为"戚家军"。戚继光在与倭寇斗争中，发明了一种叫作"鸳鸯阵"的阵法，在战场上创造了一个又一个奇迹。

戚继光尊重士兵的人格，他经常对手下的将领说："士是一种尊称，当兵的被称为军士、士兵、士卒，那是朝廷对他们的尊重。你们当官的如果平时用他们当轿夫、服差役，打仗时又怎么能要求他们舍身抗敌呢！俗话说'士可杀，不可辱'，只有尊重他们，才能换来他们杀敌卫国的忠诚。"所以戚家军的士兵个个勇敢杀敌，在剿灭倭寇的战斗中立下了巨大功劳。

戚继光戎马一生，为抗击倭寇、保卫边疆献出了毕生精力，人们永远怀念他。

倭寇克星——俞大猷

在明朝声势浩大的抗倭斗争中，有一位与戚继光齐名的英雄，他就是俞大猷。

俞大猷是福建晋江人。史书上说他从小就喜欢读书，尤其喜欢读兵法方面的书。长大后，通过武举考试，进入了军队。

他非常热爱祖国，是一个"位卑未敢忘忧国"的人。面对频犯海疆的倭寇，当时还只是一名小军官的俞大猷，不顾自己位卑言轻，毅然向上司上书，陈述自己的抗倭主张，这在那时，是一种犯禁的事儿。果然，他的爱国举动遭到了上司的训斥，说什么"小小的军官怎么能上书言事"。将他鞭打了一顿，还把他那个小得可怜的官给免了。

值得庆幸的是，巡视福建的一位大臣，听说俞大猷颇具军事才干，便召见他面谈一番。这位大臣见俞大猷讲得头头是道，很是赏识，举荐他做了备倭都指挥，使俞大猷获得了一个施展才华的机会。在以后很长的一段时间里，虽官职几经变动，却一直未离开抗倭前线。

在他担任汀漳守备时，汀漳地区的倭寇十分猖獗。俞大猷常常亲自率船队在沿海巡逻，搜捕倭寇。

一次，他带领船队，在海上一连航行了9天，也不见倭寇的影子，士兵们有点泄气了，他鼓励士兵要坚持下去。到第10天，终于发现倭寇的船队。俞大猷指挥士兵首先用战炮猛轰，然后靠近敌船，士兵纷纷跳上敌船拼杀。这次战斗共歼灭倭寇100多人，俘获80多人，缴获船只60多艘。这是倭寇骚扰我国海疆数十年来遭到的最沉重的打击。

不久，俞大猷得知有一股倭寇盘踞在普陀山。于是他带领一支精兵，在夜色掩护下，直奔普陀山。他先用火攻，烧毁倭寇营寨，使倭寇阵脚大乱。然后，带头冲击敌阵，展开搏斗。士兵们如下山猛虎，英勇杀敌，杀得倭寇死的死，逃的逃。这就是抗倭史上有名的"普陀山大捷"。

　　一年后，俞大猷晋升为福建副总兵。当时，松江遭到倭寇骚扰，形势危急。俞大猷奉命前往增援，在王江泾与倭寇主力相遇。在友军的配合下，将士同心协力，不到半个时辰就杀敌过千。这一仗共歼敌近2000人。从此，倭寇一听到俞大猷的名字，就胆战心惊，惶惶不可终日。

　　经俞大猷等人十余年的努力，东南沿海的倭寇被基本消灭，百姓终于过上安稳生活。倭寇克星——俞大猷的名字永远留在人们的记忆中。

明末东北守关人——袁崇焕

明朝末年，后金军队频频南犯叩关，东北处于危急之中。明政权的满朝文武大臣一时不知所措。在这紧要关头，有个人挺身而出，自告奋勇地说，"只要给我军队，我一人就可以守住山海关。"这人就是任职兵部的袁崇焕。

危急时刻，袁崇焕毛遂自荐，皇帝自然非常高兴，于是任命他为地方巡察军事的官员，拨给饷银，让他去关外抗击入侵者。

这样，袁崇焕便奉命率军驻守地处军事要冲的宁远城（今辽宁兴城）。在宁远，袁崇焕积极备战。在不到一年的时间里，就把一座城墙残缺不全、毫无防御能力的宁远城，变成了山海关外一座真正的军事要塞。

遗憾的是，两年后镇守东北的主将易人。原先支持袁崇焕加强军备的官员被免职。新上任的是一个叫高第的胆小无能之人，他认为关外根本守不住，所以命令关外军民一律撤入山海关。

袁崇焕则极力反对这种退守办法，他向高第建议："用兵之法，有进无退，关外许多地方已经收复，怎能轻易退出！如果放弃这些地方，宁远等地必然吃紧，山海关也将失去屏障。现在只要选派大将到这些地方镇守，就一定能守住。"

高第不接受袁崇焕的建议，命令宁远等地的守军一并撤回。袁崇焕接到命令，气愤地说："我是镇守宁远的主将，我做这里的官，就该死守在这里，决不离开。"高第见袁崇焕态度坚决，只好把关外其他地方的守军撤回关内。

后金国主努尔哈赤获悉关外大部分明军已撤入山海关内，经一段时间准备，率30万大军逼临宁远城下。袁崇焕动员将士死守宁远城，他当众刺破手指，写下血书，决心与宁远城共存亡。在他的鼓舞下，全军上下同仇敌忾，欲与敌人血战到底。

努尔哈赤的军队开始攻城。

守城官兵奋勇杀敌，城上的石块、炮弹如雨注般倾泻到后金士兵的头上。后金伤亡惨重，努尔哈赤也身负重伤，不得不撤走。一直在城上指挥作战的袁崇焕，命令将士出城追击。他们一口气追了30多里，消灭后金军队10000多人，取得了宁远保卫战的胜利。

经过宁远一战，后金统治者知道了袁崇焕的厉害，再也不敢与其正面硬拼了。

几年后，后金又发兵数十万，避开袁崇焕的防区，绕道古北口，进逼北京。袁崇焕奉诏回师保卫京城。军队一到北京，皇帝就命袁崇焕统领各路援军，抗击后金大军。

战斗开始后，袁崇焕身披铠甲，亲自上阵督战杀敌。经过多次激战，后金军队败退。而对勇猛善战的袁崇焕，后金统帅十分钦佩地说："我打了15年的仗，从没遇到过这样厉害的对手！"

后金人深深感到，只要有袁崇焕在，就无法在战场上取胜。于是，他们用反间计，让皇帝对袁崇焕起疑心。明朝内部的一些奸臣也说袁崇焕的坏话。结果，皇帝真的对袁崇焕起了疑心，以"阴谋欺君"的罪名将他车裂于市。

袁崇焕死后，真正能镇守边关的人没有了。明朝抵挡不住后金的进攻，终于灭亡了。

不死的将军——史可法

史可法身材不高，但精明强干，满腹学问。在以福王为首的南明朝廷里，他是举足轻重、极富号召力的人物。官拜兵部尚书。

清军攻陷北京，明朝灭亡。拒绝降清的明朝遗臣们，在南京推举福王为皇帝，建立了南明政权。

此时的史可法力主抗清复明，要坚决与清军对抗到底。他上书福王请求通告天下，以定民心，并在南京设立礼贤馆，广招天下仁人志士，为灭清复明作准备。同时，他还针对一些人排挤歧视南逃官员的现象，力排众议，竭力将这些人聚拢在福王的周围。他在上书中说："北京沦陷了，北京的臣子都有罪，但是他们现在逃回来了，就应该准许他们戴罪立功。我请求皇上恩准他们到军前听令。"福王采纳了他的建议，命令南来的官员到吏部和兵部听用，报效国家。

为了迅速消灭南明政权，清军采取了软硬兼施的办法。他们一方面驱兵南下，一方面通过劝降利诱的手段，瓦解南明政权的上层力量。

在南明朝廷里负有众望的史可法，自然成了他们诱降的重点对象。清政府的睿亲王多尔衮亲自写信给史可法，以高官厚禄为诱饵劝他投降，遭到史可法的严词拒绝。史可法的耿耿忠心极大鼓舞了朝廷内外抗清复明的信心。

没过多久，史可法受奸臣陷害，被剥夺了兵权。清兵得以长驱直入，城池连连失守。危难之时，南明朝廷再次启用史可法，派他镇守扬州城。

镇守扬州时，史可法节俭自律，不图奢华，日夜为守城之事操劳，常常和衣而眠。当时，他已 40 多岁，膝下无子。他的妻子要替他再娶一妻，他说："国家正在危急之中，我怎么能顾及自己生儿育女的私事呢！"

清军重兵包围扬州城。紧要关头，一个贪生怕死的总兵率军降清，城中防守力量一下子被削弱。在两军力量相差悬殊的情况下，史可法泰然自若，毫不动摇。在他写给家人的信中说："我死后，请把我葬在先帝的陵旁。"表明了誓与城池共存亡的坚定信念。

扬州城西门十分险要，史可法便亲临西门督战。清军强攻不下，就用大炮击毁了城墙的西北角，攻入城内。史可法自杀未成，被清军抓获，清军对他威逼利诱，他坚决不从，惨遭杀害。

当时正值炎热天气，尸体腐烂很快，家人来时已无法找到他的尸首，便把他的官服埋在梅花岭上。人们永远忘不了他，说他并没有死，称他为不死的将军。

把荷兰侵略者赶出台湾的人——郑成功

明朝末年，荷兰侵略者占据了祖国宝岛——台湾。他们在岛上杀人、抢掠，无恶不作，并逼迫百姓交纳高额地租和人头税。台湾人民生活在水深火热之中。

驻扎在福建一带的大将郑成功，决定赶走荷兰侵略者，收复台湾。

荷兰侵略者听到郑成功想要收复台湾的消息，十分恐惧，急忙派代表拜见郑成功，表示愿意与郑成功建立友好关系，免用武力。还企图用钱财拉拢郑成功，但被郑成功断然拒绝。

荷兰是当时世界上头号海上霸主。提起收复台湾，有人担心，荷兰侵略者力量强大，炮台坚固，海上险阻重重，收复台湾的希望渺茫。

郑成功耐心地做大家的思想工作，指出："荷兰侵略者远离自己国家，侵占台湾，人数又很有限，一分散到台湾各地，其势力就更弱小了。收复台湾并不是做不到的事情。"接着，又召开军事会议，进一步统一将士的思想。

不久，郑成功率领百余艘战船，将士25000多人，从金门出发，驶向台湾。

不巧的是，船队到达澎湖时，狂风大作，被迫停留。郑成功怕停留太久，导致军粮短缺和贻误战机，便下令继续前进。船队乘着涨潮之机，冲过被称为"铁板关"的鹿耳门，直抵台南城。

守城的荷兰侵略军做梦也没想到，郑成功的军队会在狂风中兵临城下，惊呼："天兵来了，天兵来了。"然后，仓促应战。郑成功指挥军队从水、陆两路打击敌人，荷兰侵略者被打得晕头转向，缴械投降。

安平城是荷兰侵略军在台湾最重要的据点。郑成功的军队进逼安平城时，它已陷入了孤立无援的境地。为了避免伤害无辜的百姓，郑成功决定不用武力，而用围困的办法迫使侵略者投降。他警告城内侵略军头目说："台湾是中国的领土，理应归还中国，投降是唯一的出路。"荷兰侵略者派人对郑成功说，只要撤军，他们愿意每年纳税、进贡，慰劳郑成功的军队，企图继续霸占台湾。同时，又加紧修筑工事，据险固守。

面对负隅顽抗的侵略者，郑成功决定改变原来围困的办法，转用武力攻城。经过数月的围攻，守城的侵略军死伤惨重，弹尽粮绝，最后挂出白旗，宣布投降。郑成功对侵略者采取宽大政策，让他们离台回国，允许他们将自己的物品随身带走，表现了中国人的伟大气度。

荷兰侵略者盘踞数十年的台湾，终于回到了祖国的怀抱，人民永远忘不了郑成功的功绩。

少年出英雄——夏完淳

明朝政权瓦解后，东南沿海一带的抗清力量继续战斗。为了对付抗清力量，清朝廷派了在松山战役中投降清朝的洪承畴总督军事，招抚江南。

这时候，在松江（今上海市）有一批读书人也在酝酿抗清，领头的是夏允彝和陈子龙。夏允彝有个 15 岁的儿子叫夏完淳，又是陈子龙的学生。夏完淳自小就读了不少书籍，能诗善文。在父亲与老师的影响下，夏完淳也参加了抗清斗争。

不久，清军围攻松江，夏允彝父子和陈子龙冲出清兵包围，到乡下隐蔽起来。夏允彝不愿落在清兵手里，投到河塘里自杀了。他留下遗嘱，要夏完淳继承他的抗清遗志。

父亲的牺牲使夏完淳万分悲痛。后来，陈子龙又秘密策动清朝的松江提督吴胜兆反清。这次兵变不幸又失败了，陈子龙被清军逮捕，后来跳河自杀。夏完淳正在为失去老师而悲痛时，因为叛徒告密，自己也被捕了。清军派重兵把他押到南京。

对夏完淳的审讯开始了，主持审讯的正是招抚江南的洪承畴。洪承畴知道夏完淳是江南出名的"神童"，想用软化的手段使夏完淳屈服。他问夏完淳："听说你给鲁王写过奏章，有这事吗？"

夏完淳昂着头回答："正是我的手笔。"

洪承畴装出一副温和的神气说："我看你小小年纪，未必会起兵造反，想必是受人指使。只要你肯回头归顺大清，我给你官做。"

夏完淳假装不知道上面坐的是洪承畴，厉声说："我听说我朝有个洪亨九（洪承畴的字）先生，是个豪杰人物。当年松山一战，他以身殉国，震惊中外。我钦佩他的忠烈。我年纪虽然小，但是杀身报国，怎能落在他的后面。"

一番话把洪承畴说得啼笑皆非，满头是汗。旁边的兵士以为夏完淳真的不认识洪承畴，提醒他说："别胡说，上面坐的就是洪大人。"

夏完淳"呸"了一声，说："洪先生为国牺牲，天下人谁不知道。崇祯帝曾经亲自设祭，满朝官员为他痛哭哀悼。你们这些叛徒，怎敢冒充先烈，污辱忠魂！"

说完，他指着洪承畴骂个不停。洪承畴被骂得脸色像死灰一样，不敢再审问下去，一拍惊堂木，喝令兵士把夏完淳拉出去。

1647 年 9 月，这位年仅 17 岁的少年英雄在南京西市被害。他的朋友把他的尸体运回松江，葬在他父亲的墓旁。到现在，在松江城西，还留着夏允彝、夏完淳英雄父子的合墓。

平内乱收失地果敢有为——康熙

康熙是清朝定都北京后的第二个皇帝，他从小就习文练武，博览群书，颇为精明强干。一生致力国家统一和富强，以自己的雄才大略开创了我国封建社会的又一个全盛时期。

康熙 8 岁那年继承了皇位，但由于年幼，朝廷大权落入了一个叫鳌拜的大臣手里。鳌拜是个横行霸道的家伙，干了许多危害国家和百姓的事，谁反对他，他就迫害谁。

康熙 14 岁的时候，开始亲政，可鳌拜根本不把他放在眼里。

康熙心里明白，鳌拜不除，国无宁日，于是他精心挑选了一批少年进宫做侍卫，让他们每天练摔跤。鳌拜以为他们是在玩

康　熙

小孩子的游戏，也就没有在意。康熙一面训练这些少年，一面找借口逐一把鳌拜的同伙调往外地。一切布置好后，康熙派人召鳌拜入宫。鳌拜不知是计，仍像往常一样大摇大摆地走入宫内。谁知刚一进门，就被埋伏在门旁的少年抓住，掀翻在地，捆绑起来。然后康熙宣布了他的罪行，把他关进了监牢。朝廷上下无不佩服康熙英明果断，称赞他年少有为。

随后，康熙又着手铲除南方割据势力。当时，以吴三桂为首的南

方割据势力，把驻地变成了独立王国，威胁国家统一。

吴三桂为弄清朝廷的虚实，就给康熙写了封信，请求撤销自己王的称号。对此，许多人都主张暂缓撤销吴三桂王的称号，以免使他起兵造反。但康熙却认为："吴三桂早有野心，撤其王的称号他要反，不撤其王的称号他也要反，还不如来个先发制人。"于是，他果断地下达了撤其称号的命令。

不出所料，撤王令一下，吴三桂马上起兵造反，攻占了湖南等地。他的旧部下也纷纷响应，一时间反叛势力席卷整个南方。

面对严峻形势，康熙镇定自若，积极组织力量平叛。采取围剿招降相结合的办法，瓦解敌军。这一办法很起作用，许多叛军归顺了朝廷。最后，清军占领吴三桂的老窝云南，彻底消灭了叛乱势力。

统一南方后，康熙又回过头来对付北方沙俄的入侵，并亲自到东北去检察防务，还派人到被沙俄占领的黑龙江北岸的雅克萨城侦察敌情。然后，派军进驻黑龙江，并写信给俄国沙皇，要求沙俄撤出雅克萨等中国领土。可是沙俄根本听不进去。于是，康熙果断下令武力收复失地。派15000人包围雅克萨，用大炮猛烈攻城，同时放火烧城逼俄军投降，俄军抵挡不住，只好竖起白旗投降，交出雅克萨城。可是清军一撤走，俄军便又占领了雅克萨。康熙得到消息后，命令清军再次进攻雅克萨，这次，清军一面用重炮轰城，一面把雅克萨包围起来，切断了水源。沙俄政府见俄军被围得陷入了绝境，便只好派使臣到北京，请求和解，举行边界谈判。这样，通过谈判，中俄两国签订了《尼布楚条约》，在法律上肯定了黑龙江和乌苏里江流域的广大地区为中国领土。康熙领导的反击沙俄侵略的战争取得了胜利。

康熙在位期间，还推行了一系列利国利民的措施，促进了经济和文化的发展，使国家繁荣起来。他在位61年，成为历史上执政时间最长的皇帝。

中华禁烟第一人——林则徐

19 世纪前期，英国殖民者的魔爪伸向富饶的中国，对中国进行肮脏的鸦片贸易。这使中国吸鸦片的人越来越多，几乎有人群的地方就有吸鸦片的人。

鸦片是一种毒品。吸鸦片用大烟袋，所以中国人俗称鸦片为鸦片烟，或简称为大烟。长期吸鸦片，使人身体虚弱、瘫软无力，直到死亡，而且上瘾后极难戒除。

鸦片的大量输入严重削弱了中国的国力，老百姓日益衰弱和贫困，为了购买鸦片，白银大量外流，致使清政府的国防和财政出现了严重的危机。

清政府内部对鸦片输入的态度不同，形成了禁烟与反禁烟两派。湖广总督林则徐是禁烟派中的著名人物。

林则徐

在给皇帝的奏折中，林则徐指出："如果不严禁鸦片，那么用不了多长时间，国家就将没有钱作军费，也就将没有强大的军队去抵御敌人。"

林则徐不仅在言论上主张禁烟，而且还采取措施，查禁鸦片，帮助吸烟者戒烟。

　　林则徐在担任湖广总督期间，在管辖区内设立禁烟局，收缴鸦片烟及吸烟工具，并捐出自己的薪水，配制断烟药丸，广为散发，使许多吸鸦片烟二三十年的人戒了烟。

　　在短短的时间里，收缴鸦片烟12000余两，烟具2000余件。林则徐亲自监督销毁，这样，他领导的禁烟运动首先在湖广地区取得了成功。

　　林则徐禁烟得力，道光皇帝任命他为钦差大臣，赶赴鸦片猖獗的广东主持禁烟。

　　广州是贩烟中心，也是百姓反对鸦片输入最激烈的地方。林则徐到达广州后，先是调查研究，访问商人及文化人士，了解广州鸦片贸易的情况，掌握贩卖地点和烟贩的姓名。然后发布禁烟布告，规定：收缴鸦片烟及烟具；强令烟贩三天内交出全部鸦片；允许告发贩卖和吸烟者。

　　接着，正式通知外国烟贩，限三天内将所存鸦片数量，统计造册，听候处理。强令他们做出今后不再向中国贩烟的书面保证。

　　与此同时，为了防备因禁烟而引起外国侵略者的武装挑衅，他又积极调动各方力量筹备广东沿海，特别是广州、虎门一带的海上防务。

　　在林则徐凌厉的禁烟攻势下，中外烟贩纷纷交出鸦片烟及烟具。但英国政府代表、驻华商务监督义律，却竭力破坏禁烟。

　　他先是在澳门，让英国商人唆使在广州的外国商会，拒绝交出鸦片和写保证书。然后又亲自到广州，强行撤走英商，掩护鸦片贩子逃跑，并对中国方面进行战争威胁。

　　林则徐对此毫无惧色，果断下令，截回潜逃的鸦片贩子，封锁商馆，严密监视外国船只的行动，并警告英国烟贩必须全部交出鸦片，否则就依法惩办。林则徐坚决的态度，中国军民的共同斗争，迫使义律答应交出鸦片。外国鸦片贩子陆续交出330多万斤鸦片。

随后，林则徐下令将缴获的所有鸦片在虎门海滩销毁，销毁活动一直持续了20多天。这就是震惊中外的"虎门销烟"。

虎门销烟使英国殖民者恼羞成怒，他们马上组织力量发动对中国的军事进攻。但是林则徐已经加强了广东沿海的防务，侵略者并未在广东占到什么便宜。

英国殖民者的入侵，使清政府内部的反禁烟派获得一个口实。他们趁机攻击林则徐，说战争是林则徐惹起的。皇帝听信谗言，将林则徐撤职查办，发配新疆。

林则徐受到了不公平的待遇，但人民没有忘记他。新中国成立后，将他所领导的"虎门销烟"的壮观场面，雕刻在人民英雄纪念碑上，永远怀念他。

收复新疆的老将军——左宗棠

左宗棠是清朝很有名气的一位人物。小的时候，就胸怀大志，被视为天下奇才。当时，读书人多醉心于对现实毫无用处的八股文体，以求取功名。而他却喜欢读一些对治理国家有用的书，如《天下郡国利病书》等，并立志要为国建功立业。

初入官场的左宗棠首先进入湖南地方政府，在那里，他赢得了良好声誉，备受推崇。后来奉命带兵东征，驰骋战场，因作战勇敢而被提升为闽浙地区最高军政长官——总督。

左宗棠在任闽浙总督期间，我国的西北边陲屡遭侵略。位于中亚地区的浩罕国头目阿古柏，率领匪徒侵占新疆的南部地区，在英俄殖民主义者的支持下，建立了一个"国家"，自称为王。随后，早已对新疆垂涎三尺的沙俄也悍然出兵，侵占了新疆的伊犁等地，虎视眈眈，妄想占领整个新疆。

新疆危急！

63岁的左宗棠被皇帝任命为钦差大臣，赶赴新疆，督办军务。

新疆地处我国大西北，境内千里黄沙，又多冰山大川，行军打仗很不便。那里多年动乱，百姓或死或逃，土地大片荒芜，所以军需供给成了进军新疆的首要问题。左宗棠先是筹措军粮，组织运输队，保障后勤供给。接着，又组织士兵在驻地周围开荒种地，实现军粮自给自足，积极做好战前准备。

一切准备就绪后，左宗棠率80000骑兵开赴新疆北部。进疆大军所到之处，受到当地各族人民的欢迎。由于左宗棠采取了"缓进速战""先收北路、转取南疆"等正确的战略方针，所以，在入疆仅半年多的时间里，就收复了乌鲁木齐等北疆城市，消除了阿古柏在北疆的势力。

经过一段时间的休整，左宗棠又分兵三路，越过天山，直指南疆。先后收复了吐鲁番、达坂城等重镇。接着，又攻克匪窝托克逊镇，匪首阿古柏见大势已去，服毒自杀。盘踞在新疆13年之久的阿古柏匪帮，被左宗棠用一年半的时间肃清了，英俄帝国主义妄图吞并新疆的阴谋破产了。

后来，68岁的左宗棠不顾年事已高，再次带兵出征，意在驱逐沙俄，收复新疆伊犁地区。清军进驻哈密，准备与沙俄决一死战。沙俄慑于中国强大的军事威力，不得不同意交还伊犁。第二年，沙俄同中国签订了《中俄伊犁条约》，无条件撤出强占10年之久的伊犁地区。

整个新疆终于回到祖国的怀抱。左宗棠功不可没。史学家称赞他是自唐太宗以后"对国家主权领土功劳最大的第一人"。

为国捐躯壮军威——邓世昌

邓世昌小时候就以聪明好学闻名，12岁考入福建水师学堂，专攻测量和船舶驾驶技术。求学期间，成绩优异。

当时，清朝政府大办海军，负责此事的大臣李鸿章，极力搜寻海军人才。他听说，邓世昌熟悉航海业务，是海军中不可多得的人才，就把他调入北洋舰队，让还不满20岁的他担任了"飞霆"炮舰的管带（即舰长），成为一名年轻有为的海军军官。

不久，朝鲜政局动乱，日本想借机入侵朝鲜。邓世昌奉命驾船，从海上掩护清朝陆军援朝。为了不误战机，他抢时间争速度，指挥舰艇疾速行驶，终于比日本军舰提前一天抵达朝鲜的仁川口，占据有利位置，做好战斗准备，使迟到的日本军舰无法入口。

日本军舰不甘心，在入口外游弋，寻机下手。日舰几次偷袭均未得逞，他们见中国军人颇懂海战，无法占到便宜，便退走了。邓世昌因护军有功，晋升为"扬威"快船管带，后又转任"致远"舰管带。

邓世昌是一个具有强烈爱国心的人。在校读书时，就十分关心国家大事。担任舰长后，又时常向下级官兵讲授爱国道理和先烈事迹，中日甲午战争爆发后，曾多次表示要与日军血战到底的决心。

1894年9月17日是一个值得纪念的日子。

这一天，邓世昌所在的北洋舰队10艘军舰，在辽宁大东沟黄海海面，遇到日军舰队的挑衅。北洋舰队奋起还击，双方展开激战。战斗中，邓世昌指挥"致远"舰猛冲直进，击中日舰多艘，重创两艘。受重创的两艘日舰丧失了战斗力，仓皇逃遁。

但是日本舰队舰多势众，重新整顿阵形，对北洋舰队实行夹击。其中，以"吉野"舰为首的4艘日舰，进逼北洋舰队的旗舰（即指挥舰），企图施放鱼雷。"吉野"等舰号称日本"帝国精锐"，在日本舰队中战斗力最强，对中国旗舰构成严重威胁。

为了保护旗舰，邓世昌下令"致远"开足马力，驶到旗舰前面，迎着包抄而来的4艘敌舰，冲了上去。"吉野"等4艘日舰见状，立即放弃对旗舰的进攻，转而围攻"致远"。重围之中"致远"多处中弹，受伤倾斜，而且舰上的弹药也几乎用光了。在这危急时刻，邓世昌镇定自若，鼓励将士说："我们当兵卫国，早已将生死置之度外，为国捐躯，死也光荣。今天大不了一死，死，也要死出个样来，不能让我们大清海军的声威扫地，这就是尽忠报国。"

全舰将士在他的感召下，誓与"致远"共存亡，决心与日军战斗到最后一刻。就在这时，"致远"与"吉野"相遇，邓世昌见"吉野"横行无忌，便决定以受伤欲沉的"致远"，与之同归于尽，以壮军威、国威，保证全军的胜利。他指挥"致远"全速冲向"吉野"，吓得"吉野"狼狈逃窜，急忙施放鱼雷自卫。已受重伤的"致远"躲避不及，被鱼雷击中锅炉，引起爆炸，舰体破裂下沉。

邓世昌坠海后，他平时养在舰上的一只爱犬，游到他的身边，叼住他的发辫，不让他沉没。但他看到全舰250名官兵已为国捐躯，便决意为国尽忠，毅然同爱犬一起没入大海。

这场战斗由中午一直持续到黄昏，以日本舰队首先退出战斗而结束。

光绪皇帝得知邓世昌以身殉国的消息，悲痛万分，亲赐"此日漫挥天下泪，有公足壮海军威"的挽联，以慰忠魂。

血溅虎门决不退——关天培

道光十四年（1834 年），关天培被封为广东水师提督。他一上任，就改筑虎门炮台，亲自带领水师操练。经过整顿，广州的海防力量比以前增强了许多。

不久，英国派兵船来进行武装挑衅。1839 年 11 月 3 日，两艘英国兵船向中国水师船只开炮，关天培亲自率领水师船队进行还击。在两小时的激战中，关天培一直站在桅杆前指挥，打得英国兵船伤痕累累。最后，英国兵船只得逃到外洋去。

1841 年 1 月 7 日，英国二十多艘炮舰载着两千多名士兵，突然袭击虎门的沙角、大角两个炮台。这是关天培布置的第一道防线，原来力量很强，但经过钦差大臣琦善的裁减，只有六百多名官兵了。

面对严峻的局面，关天培决定抵抗到底。2 月 25 日，英军进逼关天培布置的第二道防线。英军为了各个击破，先集中炮火攻击靖远炮台。关天培亲自到战斗最激烈的靖远炮台，冒着炮火指挥守军作战。

为了鼓舞官兵们战斗到底的决心，关天培到那里就当众宣誓："人在炮台在，不离炮台半步！"官兵们大受感动，纷纷下决心跟随这位老将杀敌，宁可战死，决不后退！

每当敌船靠近靖远炮台时，关天培一声令下，15 门大炮齐声怒吼，炮弹直飞敌船，敌船不敢冒进。就这样，关天培和士兵齐心协力，一次次打退了英国军舰，坚持了一整天。

第二天下午 2 点多钟，天气变化，刮起了南风。英国军舰利用顺风，向靖远炮台猛烈开炮。不一会儿，炮台上沙石四溅，弹片横飞，守军死伤大半。关天培也负伤十多处，全身鲜血淋漓。但是最后，关天培当上了炮手，一面指挥，一面亲自燃放大炮。提督的勇敢行为，激励了全体士兵沉着应战，使敌人兵舰无法靠岸。

不多时，下起了倾盆大雨。中国大炮是用火点燃后发射的，火门被雨水淋湿了，就无法发射。英国军舰很快逼近到炮台前面。当天晚上，英军攻上炮台，将炮台团团围住。关天培的战袍已被鲜血染红。他站在炮台挥舞大刀，指挥士兵们和英军搏斗。一场惨烈的肉搏战在炮台上展开了。关天培砍倒了几个英国兵，但左臂也被砍伤。

正在浴血格斗时，关天培背后飞来一块弹片，穿过他的胸膛。这位英勇的提督，最终英勇殉国。炮台上四百余名士兵，也全部壮烈牺牲。

宁死不降愿自尽——丁汝昌

  1894年黄海海战后，北洋舰队驶返旅顺口军港修正，丁汝昌上岸住院养伤，同时主持抢修受伤的军舰。10月下旬，日本陆军兵分两路侵入中国：一路由朝鲜突破清军鸭绿江防线，节节朝纵深方向推进；另一路在辽东半岛海岸中部的花园口登陆，迅速向辽南方向进攻。丁汝昌未向顶头上司李鸿章请示，就率北洋舰队移驻到山东半岛的威海卫军港。在日军于花园口登陆的14天时间里，北洋舰队未前往袭击。

  11月下旬，日军攻占号称"亚洲第一要塞"的旅顺口军港。丁汝昌只能率北洋舰队孤寄于威海卫军港了。

  日军攻占辽东半岛后，于12月中旬修改原定的作战计划，决定挥兵渡海南下，发起旨在歼灭北洋舰队的山东半岛战役。此时对于中国方面来说，战局已十分险恶，孤寄于威海卫一隅的北洋舰队一旦被歼灭，战争必将以中国的彻底失败而告终。但是，在如此严峻的形势下，北洋舰队却没有实施积极有效的机动作战行动，丁汝昌率舰队消极地防守于威海卫军港，又一次坐视日军运输船队在荣成湾顺利登陆，痛失了抗敌的作战良机。日军在荣成湾登陆后，迅速兵分两路向西推进，达成了对威海卫军港海陆夹击的战役态势。

  自1895年1月下旬起，丁汝昌率北洋舰队官兵，在威海卫军港内与海陆方向的进攻之敌进行了顽强的战斗。2月4日，英国海军远东舰队司令官斐利曼特将军进入威海卫军港，劝说丁汝昌放弃抵抗，率部投降，被丁汝昌严词拒绝。丁汝昌还严正拒绝了日本联合舰队司令长官伊东佑亨将军的劝降书，表示"余决不放弃报国大义，今唯以死尽臣职"。

几经苦战，北洋舰队损失惨重。2月9日，日军四十多艘大小舰艇全部驶至威海卫军港的入口处，欲发动强攻。丁汝昌乘"靖远"号巡洋舰前往拼战，不幸中炮搁浅，丁汝昌被水兵救上小艇得以获救。此时，刘公岛守军内部大乱，少数洋教官串联部分海军军官，煽动士兵威逼丁汝昌率众降敌。丁汝昌不为所动，凛然声明："我知事必出此，然我必先死，断不能坐睹此事！"并晓以大义，慰告部下坚守待援。11日夜，丁汝昌自知陆上援兵无望，遂嘱部下将自己的提督大印截角作废，然后服下超量的鸦片自尽，时年59岁。

剩下的北洋舰队全部降敌。不久，甲午战争以清政府的全面失败而告终。

英雄气壮镇南关——冯子材

冯 子材是广东钦州（今属广西）人，早年曾参加农民起义，后投降清朝，被任为广西提督，1882年因年老多病还乡。

1883年，法国向越南侵略，并以越南为跳板，向中国发动了侵略战争。广西前线的清军在清政府投降路线的影响下，军心涣散，全线瓦解，镇南关被法国侵略军占领。法军统帅尼格里派人在废墟上插块牌子，狂妄地写道："广西的门户已不存在了！"镇南关周围的我国群众与之针锋相对，在关上奋笔直书："我们将用法国人的头颅，重建我们的门户！"在人民群众反侵略热潮的激励下，以冯子材为首的爱国清军主动重返前线，积极展开了抗法斗争。

冯子材到达前线后，一面收集溃兵，稳定军心；一面招募民间丁勇，积极团结边防其他部队，鼓励军民保卫国家，并在距镇南关内十里的关前隘沿着山麓修筑一道3里多的长墙，挖掘长壕，以备攻守之用。

1885年3月23日，法国侵略军大举进犯，冯子材率部下沉着应战，不断打退敌人进攻，激战终日，相持不下。次日凌晨，大雾弥漫，法军在绝对优势的炮火掩护下，分兵三路，猛扑长墙。炮声震谷，枪弹雨集，长墙几乎已被突破，形势万分危急。在这千钧一发的紧要关头，年近70的冯子材以帕包头，脚穿草鞋，手持长矛，一跃而出。全军将士见势也一齐冲入敌阵，人人奋勇争先，刀劈枪挑，法国侵略军旗倒阵乱。这时，关外的中越群众一千多人也冲杀前来，里应外合，法国侵略军全线崩溃，仓皇逃命。冯子材率军乘胜追击，杀敌方官兵一千多人，法军统帅尼格里也身受重伤。镇南关清军取得大捷，这在中国近代史上是罕见的。

法军溃败的消息传到巴黎，法国茹费理内阁被迫下台，新成立的内阁急切期望与清政府妥协求和。而以慈禧太后为首的清政府害怕战事延续下去会损害他们享乐苟安的生活，也想乘胜求和。于是派人与法国签订了不平等的《中法议和条约》。打了胜仗还要投降，这真是千古奇闻，充分反映了清政府投降卖国的丑恶嘴脸。

我自横刀向天笑——谭嗣同

谭嗣同从小饱读经书，知识广博，武艺精湛，少年有志。青年时期，他花了 10 年工夫，游览了祖国大好河山，他看到，大地在悲歌，人民在呻吟，田园荒芜，市井萧条，百姓啼饥号寒，官府横征暴敛。谭嗣同万分忧愤，他苦苦地思索着，最后，他认为向西方学习变法改革才是出路。

谭嗣同在北京结识了康有为的大弟子梁启超，两人谈得十分投机，结为莫逆之交。不久，谭嗣同在南学会当了学长，起着总负责人的作用，他经常进行慷慨激昂的演说，他的讲演气势磅礴，观点新颖，语言铿锵犀利，道理清晰明确，深受听众欢迎。

谭嗣同奉召赴京主持变法。变法维新的路上布满荆棘，前途并不乐观。但他已将荣华富贵、生死存亡置之度外，决心为变法图存，为国家昌盛贡献自己的一切力量，乃至自己的生命。

1898 年 9 月 18 日，夜色漆黑，天上飘洒着绵绵秋雨，刮着凄凉的冷风。

谭嗣同夜访袁世凯，要袁带兵入京，除掉顽固派。袁世凯假惺惺地表示先回天津除掉荣禄，然后率兵入京。袁世凯于 20 日晚赶回天津，向荣禄告密，荣禄密报慈禧。

慈禧经过密谋之后，赶回北京，进入宫廷，查抄了皇帝住处，搜去所有文件，将光绪皇帝囚于中南海瀛台。开始动手收拾维新派人物，变法到此成为泡影。

一夜之间，形势大变。维新派被捕的被捕，逃亡的逃亡。康有为乘船逃走，梁启超暂避日本使馆，准备去日本。

谭嗣同在自己的住处收拾东西，将自己多年来所写的诗文稿件、来往书信，装了满满一箱子，来到梁启超避居的日本使馆，对梁启超说："我们想救皇上，没有救成。现在，一切都无济于事，只好受死。你快到日本去，我只要你把我这箱东西带去就没其他的挂怀了！"说完，悲悲戚戚地低下头去。

梁启超给他讲了"留得青山在，不怕没柴烧"的道理，劝他一起到日本去。谭嗣同却说："不有行者，无以图将来；不有死者，无以酬'圣主'。"他愿梁启超充当"行者"，"以图将来"，而自己以死来报答光绪皇帝。

后来又有些人来劝他逃走，都被他拒绝。他说："各国变法，无不从流血而成，今日中国未闻有因变法而流血者，此国之所以不昌也。有之，请自嗣同始！"他下定死的决心，以期唤醒后来有志图强的人。

9月24日，谭嗣同在"莽苍苍斋"被捕。在狱中，他大义凛然，神情自若，视死如归。他抚今思昔，眷念祖国和水深火热中的人民，在狱壁上写了一首诗：

> 望门投止思张俭，忍死须臾待杜根。
>
> 我自横刀向天笑，去留肝胆两昆仑。

9月28日，古老的北京城笼罩在一片阴沉昏暗的风沙里。在宣武门外菜市口刑场上，竖立着六根木柱，木柱上绑着六位爱国志士、维新变法的闯将，就是谭嗣同、刘光第、杨锐、林旭、康广仁、杨深秀。顽固派怕夜长梦多，怕外国干涉，怕人民起而抗议，便赶快处决这些人以绝后继，决定下午四时行刑。

在行刑前，"六君子"面不改色，横眉冷对。只听谭嗣同高声朗诵：有心杀贼，无力回天，死得其所，快哉快哉！

大声呼罢，哈哈大笑。此情此景，使上万围观的人，无不潸然泪下。

宝岛抗法一英雄——刘铭传

刘铭传，清朝安徽人。他的家乡地处淮北平原，生活环境艰苦，历来以民风强悍著称。在这种环境里长大的刘铭传养成了一种嫉恶如仇、好打抱不平的侠义性格。

他年轻的时候，社会动荡不安。老百姓为了自我保护，纷纷办起武装团体，修建城堡式的村寨。一时间武力自保的风气盛行乡里。同时也出现许多依仗武力、鱼肉百姓的乡里恶霸，他们强迫百姓交钱纳粮，不得违抗。否则，就会招来灾祸。

刘铭传家世代务农，自然是被敲诈勒索的对象。有一次，他父亲没能按时向恶霸交粮，受到恶霸的登门辱骂。正在屋里的刘铭传听到后，不顾家人阻拦，冲出屋子，边走边气愤地说："大丈夫岂能忍受欺父大辱。"来到门外，伸手就把恶霸的马缰拽住，与他理论。

这恶霸轻蔑地狂笑道："你父亲没敢吱声，你个毛头小子还敢怎样，今天我给你刀子，你要是敢杀我，就算你小子有种。"说罢便将腰间的刀子扔给了刘铭传。刘铭传接过刀，二话没说，上去就把这恶霸给杀了。然后骑上他的马，走到高处，大声喊道："这个横行乡里、虐待百姓的恶霸，今天终于被我杀了，为乡亲们除了一害，今后大家就跟我一道保护乡里吧。"于是，有数百人聚集起来，组成民团，服从他的领导。

后来，他率领的这支民团编入清朝军队，征战南北，屡建战功，他也成为名噪一时的淮军将领。

清末，中法两国因越南问题而爆发了战争。法军为钳制清政府，一面进行陆战，一面派舰队寻机攻打台湾。清政府为防止台湾失守，就调刘铭传去台湾，任台湾事务大臣，加强防务。

战争之初，法军依仗船坚炮利，用战船上的大炮，疯狂地向台湾基隆港清军炮台轰击，摧毁了基隆港的全部大炮。清政府在基隆港布置的兵力很少，连一艘可以迎敌的舰船都没有。

在这种情况下，刘铭传果断采取了扬长避短、诱敌深入的战术。让一部分人固守海岸的制高点，主力则后撤，形成一个"口袋"状的阵式。

法军不知是计，以为清军溃败后逃，便大摇大摆地爬上岸来，尾随清军，直扑基隆城。刘铭传见法军离舰上岸，钻进了"口袋"，便命令部队三面出击。这突如其来的围攻弄得法军晕头转向，顾不上还击，只知拼命逃窜。这一仗，清军大胜，斩杀法军头目2人及士兵100多人，还缴获不少武器和军用物品。

法国侵略者在基隆失败，恼羞成怒，发誓一定要攻下台湾，以雪基隆之辱。经过两个月的准备，法军舰队司令孤拔中将亲自出马，率军进攻台湾。刘铭传再次使用诱敌深入的战术，大败法军。从此法军丧失了占据台湾的勇气，再也不敢轻举妄动了。

直到战争结束，法军也没能在台湾占到便宜。

刘铭传为抗击法军侵略，保卫台湾做出了巨大贡献。为此，朝廷任命他为台湾建省后第一任巡抚。

热血谱写革命歌——夏明翰

"**砍**头不要紧，只要主义真。杀了夏明翰，还有后来人！"这是中国共产党党员夏明翰在被国民党反动派杀害前，写的一首气壮山河的就义诗。它一直为人们所传诵。

夏明翰字桂根，1900 年农历八月生于湖北秭归。少年时，曾任清朝高官的祖父在他身上寄予了光耀门庭的希望，想让他闭门读旧书。但夏明翰却受父母较开明的思想影响，总愿走出家门。

一次，他在外面见到一个面黄肌瘦的妇人带着婴儿要饭，便把身上的钱全给了她。后来，他就此事说："那是我第一次知道世上还有饿肚子的人。"他长大一点后曾帮女佣挑水，却受到祖父怒斥。他小时候最喜欢的家中老轿夫因力衰而被祖父辞退，在外艰难谋生时不幸离世。夏明翰就此发出"人间不平，何也"的呼声，对封建家庭产生了憎恶。

他在学校中接受了反对军阀的思想，回家看到祖父与北洋军阀头目吴佩孚来往，一气之下把吴送来挂在墙上的条幅撕得粉碎。祖父恼怒万分，又听到豪绅们登门告状，说夏明翰在外领导学生运动，便命家人把这个叛逆的孙子锁到一间房子里。夏明翰就此下决心与祖父决裂，找弟弟夏明震要来一把斧子，砍开窗户跳出屋子。又到院里把祖父视为官运亨通的宝树砍倒，从此闯出夏府再不复返。

1920 年秋，经过五四运动洗礼的夏明翰来到长沙，结识了毛泽东。1921 年冬，经毛泽东、何叔衡介绍，夏明翰加入中国共产党。入党后，夏明翰在长沙从事工人运动，参与领导了人力车工人罢工斗争。

1924 年，夏明翰担任中共湖南省委委员，负责农委工作。1926 年 2 月，夏明翰被党调到武汉工作，担任全国农民协会秘书长，兼任毛泽东和中央农民运动讲习所秘书。

　　1927 年 4 月 12 日，蒋介石发动反革命政变。夏明翰听到消息，悲愤地写道："越杀胆越大，杀绝也不怕。不斩蒋贼头，何以谢天下！"

　　1927 年 6 月，夏明翰回湖南任省委委员兼组织部长。同年 7 月大革命失败后，夏明翰参与发动秋收起义。10 月，湖南省委派他去领导和发动了平江农民暴动。

　　1928 年初，夏明翰被党调到湖北工作，任中共湖北省委常委。由于叛徒的出卖，同年 3 月 18 日他在武汉不幸被敌人逮捕。3 月 20 日清晨，他被敌人押送到汉口余记里刑场。当敌执行官问夏明翰还有什么话要说时，他大声说："有，给我拿纸笔来！"于是，夏明翰写下了那首大义凛然的就义诗。

　　为了中国人民的革命事业，夏明翰悲壮地牺牲了，时年仅 28 岁。